上海市工程建设规范

绿色建筑评价标准

Assessment standard for green building

DG/TJ 08－2090－2020

J 12001－2020

主编单位：上海市建筑科学研究院(集团)有限公司
上海市建筑建材业市场管理总站

批准部门：上海市住房和城乡建设管理委员会

施行日期：2020年7月1日

同济大学出版社

2020　上海

图书在版编目(CIP)数据

绿色建筑评价标准/上海市建筑科学研究院(集团)有限公司,上海市建筑建材业市场管理总站主编. --上海:同济大学出版社,2020.6

ISBN 978-7-5608-9277-1

Ⅰ.①绿… Ⅱ.①上… ②上… Ⅲ.①生态建筑—建筑设计—评价标准—上海 Ⅳ.①TU201.5-34

中国版本图书馆 CIP 数据核字(2020)第 102052 号

绿色建筑评价标准

上海市建筑科学研究院(集团)有限公司 主编
上海市建筑建材业市场管理总站

策划编辑 张平官

责任编辑 朱 勇

责任校对 徐春莲

封面设计 陈益平

出版发行 同济大学出版社 www.tongjipress.com.cn

(地址:上海市四平路 1239 号 邮编:200092 电话:021—65985622)

经 销 全国各地新华书店

印 刷 浦江求真印务有限公司

开 本 889mm×1194mm 1/32

印 张 6.125

字 数 165000

版 次 2020 年 6 月第 1 版 2021 年 4 月第 2 次印刷

书 号 ISBN 978-7-5608-9277-1

定 价 50.00 元

上海市住房和城乡建设管理委员会文件

沪建标定〔2020〕135号

上海市住房和城乡建设管理委员会
关于批准《绿色建筑评价标准》为上海市
工程建设规范的通知

各有关单位：

由上海市建筑科学研究院（集团）有限公司、上海市建筑建材业市场管理总站主编的《绿色建筑评价标准》，经我委审核，现批准为上海市工程建设规范，统一编号为DG/TJ 08—2090—2020，自2020年7月1日起实施。原《绿色建筑评价标准》（DG/TJ 08—2090—2012）同时废止。

本规范由上海市住房和城乡建设管理委员会负责管理，上海市建筑科学研究院（集团）有限公司负责解释。

特此通知。

上海市住房和城乡建设管理委员会

二〇二〇年三月三十日

前　言

根据上海市住房和城乡建设管理委员会《关于印发〈2017年上海市工程建设规范编制计划〉的通知》(沪建标定〔2016〕1076号)的要求,本标准由上海市建筑科学研究院(集团)有限公司、上海市建筑建材业市场管理总站会同相关单位编制而成。

本标准编制过程中,编制组经广泛调查研究,认真总结近年来上海市绿色建筑实践经验和研究成果,参考有关国内外标准,并在广泛征求意见的基础上,形成本标准。

本标准共分9章,主要内容有:总则;术语;基本规定;安全耐久;健康舒适;生活便利;资源节约;环境宜居;提高与创新。

本次修订的主要技术内容是:①拓展了本市绿色建筑内涵,重新构建了评价指标体系;②增设了绿色建筑“基本级”,形成绿色建筑的四个等级设定;③设定竣工评价和运行评价两个评价时间节点,提高了绿色建筑性能要求。

各单位及相关人员在本标准执行过程中,如有意见或建议,请反馈至上海市建筑科学研究院(集团)有限公司(地址:上海市宛平南路75号;邮编:200032;E-mail:rd@sribs.com.cn),或上海市建筑建材业市场管理总站(地址:上海市小木桥路683号;邮编:200032;E-mail:bzglk@zjw.sh.gov.cn)。

主 编 单 位:上海市建筑科学研究院(集团)有限公司
上海市建筑建材业市场管理总站

参 编 单 位:上海市绿色建筑协会
华东建筑设计研究院有限公司
同济大学建筑设计研究院(集团)有限公司
上海建工集团股份有限公司

中国建筑科学研究院有限公司上海分公司
建学建筑与工程设计所有限公司
上海城建物资有限公司

参 加 单 位：上海城投置地（集团）有限公司
北京绿建软件股份有限公司
宝业集团
上海东方延华节能技术服务股份有限公司
上海丰诚物业管理有限公司
威立雅能源科技（上海）有限公司
上海信业智能科技股份有限公司

主要起草人：杨建荣　李　阳　韩继红　张　俊　廖　琳
马伟骏　陈剑秋　张　颖　安　宇　张伯仑
高月霞　王　珏　龚　剑　白燕峰　高海军
方　舟　李　芳　季　亮　王　勋　马晓琼
王　峰　李　坤　邹　寒　范宏武　邵文晞
於林锋　贾　珍　谢　斌　张　辰　于　兵
夏　锋　张金乾　胡青莲　马　雁　周　电
韩家祥

主要审查人：车学娅　龙惟定　王宝海　王勤芬　连之伟
徐　凤　潘　涛　刘　涛　邵民杰

上海市建筑建材业市场管理总站
2020 年 3 月

目　次

Contents

1 总　则

1.0.1 为贯彻落实绿色发展理念，推进本市绿色建筑高质量发展，节约资源，保护环境，满足人民日益增长的美好生活需要，制定本标准。

1.0.2 本标准适用于本市民用建筑绿色性能的评价。

1.0.3 绿色建筑评价应遵循因地制宜的原则，结合建筑所在地域的气候、环境、资源、经济和文化等特点，对建筑全寿命期内的安全耐久、健康舒适、生活便利、资源节约、环境宜居等性能进行综合评价。

1.0.4 绿色建筑应结合地形地貌进行场地设计与建筑布局，且建筑布局应与场地的气候条件和地理环境相适应，并对场地的风环境、光环境、热环境、声环境等加以合理组织和利用。

1.0.5 绿色建筑的评价除应符合本标准的规定外，尚应符合国家和本市现行有关标准的规定。

2 术 语

2.0.1 绿色建筑 green building

在全寿命期内，节约资源、保护环境、减少污染，为人们提供健康、适用、高效的使用空间，最大限度地实现人与自然和谐共生的高质量建筑。

2.0.2 绿色性能 green performance

涉及建筑安全耐久、健康舒适、生活便利、资源节约（节地、节能、节水、节材）和环境宜居等方面的综合性能。

2.0.3 全装修 decorated

在交付前，住宅建筑内部墙面、顶面、地面全部铺贴、粉刷完成，门窗、固定家具、设备管线、开关插座及厨房、卫生间固定设施安装到位；公共建筑公共区域的固定面全部铺贴、粉刷完成，水、暖、电、通风等基本设备全部安装到位。

2.0.4 热岛强度 heat island intensity

城市内一个区域的气温与郊区气温的差别，用二者代表性测点气温的差值表示，是城市热岛效应的表征参数。

2.0.5 可再生能源 renewable energy

风能、太阳能、水能、生物质能、地热能和海洋能等非化石能源的统称。

2.0.6 非传统水源 non-traditional water source

不同于传统地表水供水和地下水供水的水源，包括再生水、雨水、海水等。

2.0.7 利废建材 waste reutilized building material

在满足安全和使用性能的前提下，使用废弃物等作为原材料生产出的建筑材料。

2.0.8 绿色建材 green building material

在全寿命期内可减少对资源的消耗、减轻对生态环境的影响,具有节能、减排、安全、健康、便利和可循环特征的建材产品。

3 基本规定

3.1 一般规定

3.1.1 绿色建筑评价应以单栋建筑或建筑群为评价对象。评价单栋建筑时，凡涉及系统性、整体性的指标，应基于建筑所属工程项目的总体进行评价。

3.1.2 绿色建筑评价应在建筑工程竣工后进行，分为竣工评价和运行评价，其中运行评价应在建筑工程通过竣工验收且能提供全年运行数据后进行。在建筑工程施工图设计完成后，可进行预评价。

3.1.3 申请评价方应对参评建筑进行全寿命期技术和经济分析，选用适宜技术、设备和材料，对规划、设计、施工、运行阶段进行全过程控制，并应在评价时提交相应的分析、测试报告和相关文件。申请评价方应对所提交资料的真实性和完整性负责。

3.1.4 评价时应根据不同阶段的评价要求，对申请评价方提交的相关资料文件进行审查和必要的现场核实，出具评价报告，确定等级。

3.1.5 申请绿色金融服务的建筑项目，应对节能措施、节水措施、建筑能耗和碳排放等进行计算和说明，并应形成专项报告。

3.2 评价与等级划分

3.2.1 绿色建筑评价指标体系应由安全耐久、健康舒适、生活便利、资源节约、环境宜居5类指标组成，且每类指标均包括控制项和评分项。评价指标体系还在第9章“提高与创新”中统一设置加分项。

3.2.2 控制项的评定结果应为达标或不达标；评分项和加分项

的评定结果应为分值。

3.2.3 对于多功能的综合性单体建筑，应按本标准全部评价条文逐条对适用的区域进行评价，确定各评价条文的得分。

3.2.4 绿色建筑评价分值应符合表3.2.4的规定。

表3.2.4 绿色建筑评价分值

	控制项基础分值	评价指标评分项满分值					提高与创新加分项满分值
		安全耐久	健康舒适	生活便利	资源节约	环境宜居	
预评价分值	400	100	100	70	200	100	100
竣工评价分值	400	100	100	70	200	100	100
运行评价分值	400	100	100	100	200	100	100

注：预评价时，本标准第6.2.9～6.2.15条、第9.2.10条不得分；竣工评价时，本标准第6.2.9～6.2.15条不得分。

3.2.5 绿色建筑评价的总得分应按下式进行计算。

$$Q=(Q_0+Q_1+Q_2+Q_3+Q_4+Q_5+Q_A)/10 \quad (3.2.5)$$

式中：Q——总得分；

Q_0——控制项基础分值，当满足所有控制项的要求时取400分；

$Q_1 \sim Q_5$——分别为评价指标体系5类指标（安全耐久、健康舒适、生活便利、资源节约、环境宜居）的评分项得分；

Q_A——提高与创新加分项得分。

3.2.6 绿色建筑划分为基本级、一星级、二星级、三星级4个等级。

3.2.7 绿色建筑等级应按下列要求确定：

1 基本级的绿色建筑应满足本标准全部控制项要求。

2 一星级、二星级、三星级3个等级的绿色建筑均应满足本标准全部控制项的要求，且各类指标的评分项得分不应小于其评分项满分值的30%。

3 一星级、二星级、三星级3个等级的绿色建筑均应进行全装修，全装修工程质量、选用材料及产品质量应符合本市现行有关标准要求。

4 当总得分分别达到60分、70分、85分且满足表3.2.7的要求时，绿色建筑等级分别为一星级、二星级、三星级。

表3.2.7 一星级、二星级、三星级绿色建筑的技术要求

	一星级	二星级	三星级
住宅建筑隔声性能	—	室外与卧室之间、分户墙（楼板）两侧卧室之间的空气声隔声性能达到现行国家标准《民用建筑隔声设计规范》GB 50118低限标准限值和高要求标准限值的平均值；卧室楼板的撞击声隔声性能满足现行上海市工程建设规范《住宅设计标准》DGJ 08－20要求	室外与卧室之间、分户墙（楼板）两侧卧室之间的空气声隔声性能达到现行国家标准《民用建筑隔声设计规范》GB 50118高要求标准限值；卧室楼板的撞击声隔声性能满足现行上海市工程建设规范《住宅设计标准》DGJ 08－20要求
室内主要空气污染物浓度降低比例	氨、甲醛、苯、总挥发性有机物、氡、可吸入颗粒物等浓度比现行国家标准《室内空气质量标准》GB/T 18883的有关要求降低10%	氨、甲醛、苯、总挥发性有机物、氡、可吸入颗粒物等浓度比现行国家标准《室内空气质量标准》GB/T 18883的有关要求降低20%	
外窗（幕墙）气密性能	符合现行上海市工程建设规范《居住建筑节能设计标准》DGJ 08－205和《公共建筑节能设计标准》DGJ 08－107的规定，且外窗洞口与外窗本体的结合部位应严密		

4 安全耐久

4.1 控制项

4.1.1 场地应避开地质危险地段，易发生洪涝地区应有可靠的防洪涝基础设施。场地应无危险化学品、易燃易爆危险源的威胁，应无电磁辐射危害。

4.1.2 建筑结构应满足承载力和建筑使用功能要求。

4.1.3 建筑外墙、屋面、门窗、幕墙及外保温等围护结构以及外遮阳、太阳能设施、空调室外机位、墙面绿化等外部设施应满足安全、耐久和防护的要求，外部设施应与建筑主体结构统一设计、施工，并应具备安装、检修与维护条件。

4.1.4 建筑内部的非结构构件、设备及附属设施等应连接牢固并能适应主体结构变形。

4.1.5 外门窗、幕墙的抗风压性能、水密性等性能应符合国家及本市现行有关设计标准的规定。

4.1.6 卫生间、浴室的地面应设置防水层，墙面、顶棚应设置防潮层。

4.1.7 走廊、疏散通道等通行空间应满足紧急疏散、应急救护等要求，且应保持畅通。

4.1.8 建筑应具有安全防护的警示和引导标识系统。

4.1.9 室外明露等区域和公共部位有可能冰冻的给水、消防管道应有防冻措施。

4.2 评分项

Ⅰ 安 全

4.2.1 采用基于性能的抗震设计并合理提高建筑的抗震性能，评价分值为10分。

4.2.2 采取保障人员安全的防护措施，评价总分值为15分，按下列规则分别评分并累计：

1 采取措施提高阳台、外窗、窗台、防护栏杆、维护保养设施等安全防护水平，得5分。

2 建筑物出入口均设防止外墙饰面、门窗玻璃意外脱落的防护措施，并与人员通行区域的遮阳、遮风或挡雨措施结合，得5分。

3 利用场地或景观形成可降低坠物风险的缓冲区、隔离带，得5分。

4.2.3 采用具有安全防护功能的产品或配件，评价总分值为10分，按下列规则分别评分并累计：

1 采用具有安全防护功能的玻璃，得5分。

2 采用具备防夹功能的门窗，得5分。

4.2.4 室内外地面或路面设置防滑措施，评价总分值为7分，按下列规则分别评分并累计：

1 建筑出入口及平台、公共走廊、电梯门厅、厨房、浴室、卫生间等设置防滑措施，防滑等级不低于现行行业标准《建筑地面工程防滑技术规程》JGJ/T 331规定的B级，得2分。

2 建筑室内外活动场所采用防滑地面，防滑等级达到现行行业标准《建筑地面工程防滑技术规程》JGJ/T 331规定的A级，得3分。

3 建筑坡道、楼梯踏步防滑等级达到现行行业标准《建筑地面工程防滑技术规程》JGJ/T 331规定的A级或按水平地面等级提高一级，并采用防滑条等防滑构造措施，得 2 分。

4.2.5 采取人车分流措施，且步行和非机动车交通系统有充足照明，评价总分值为 8 分，按下列规则分别评分并累计：

1 采用人车分流措施，得 5 分。

2 步行和非机动车交通道路有充足照明，得 3 分。

Ⅱ 耐 久

4.2.6 采取提升建筑适变性的措施，评价总分值为 15 分，按下列规则分别评分并累计：

1 采取通用开放、灵活可变的使用空间设计，或可变换功能空间采用可重复使用的隔断（墙）比例大于 50%，得 6 分。

2 建筑结构与建筑设备管线分离，得 6 分。

3 采用与建筑功能和空间变化相适应的设备设施布置方式或控制方式，得 3 分。

4.2.7 采取提升建筑部品部件耐久性的措施，评价总分值为 13 分，按下列规则分别评分并累计：

1 选用耐腐蚀、抗老化、耐久性能好的管材、管线、管件，得 8 分。

2 选用长寿命的活动配件，并考虑部品组合的同寿命性；不同使用寿命的部品组合时，采用便于拆换、更新和升级的构造，得 5 分。

4.2.8 提高建筑结构材料的耐久性，评价总分值为 10 分，按下列规则评分：

1 按 100 年进行耐久性设计，得 10 分。

2 采用耐久性好的建筑结构材料，满足下列条件之一，得 10 分：

1） 对于混凝土构件，提高钢筋保护层厚度或采用高耐久性混凝土。

2） 对于钢构件，采用耐候结构钢或耐候型防腐涂料。

3）对于木构件，采用防腐木材、耐久木材或耐久木制品。

4.2.9 合理采用耐久性好、易维护的装饰装修建筑材料，评价总分值为 12 分，按下列规则分别评分并累计：

1 采用耐久性好的外饰面材料或合理采用清水混凝土，得 4 分。

2 采用耐久性好的防水和密封材料，得 4 分。

3 采用耐久性好、易维护的室内装饰装修材料，得 4 分。

5 健康舒适

5.1 控制项

5.1.1 室内空气中的氨、甲醛、苯、总挥发性有机物、氡等污染物浓度应符合现行国家标准的有关规定。室内外禁烟场所应符合本市相关控烟条例的规定。

5.1.2 应采取措施避免厨房、餐厅、卫生间、打印复印室、地下车库等区域的空气和污染物串通到其他空间;应防止厨房、卫生间的排气倒灌。

5.1.3 给水排水系统的设置应符合下列规定:

1 生活饮用水水质应满足现行国家标准《生活饮用水卫生标准》GB 5749 的要求。

2 直饮水、集中生活热水、游泳池水、采暖空调系统用水、景观水体、非传统水源的水质应符合国家现行相关标准的要求。

3 应制定水池、水箱等储水设施定期清洗消毒计划并实施,且生活饮用水储水设施每半年清洗消毒不应少于1次。

4 应使用构造内自带水封的便器且水封深度不应小于50mm。

5 非传统水源管道和设备应设置明确、清晰的永久性标识。

5.1.4 主要功能房间的室内噪声级、隔声性能应符合下列规定:

1 室内噪声级应满足现行国家标准《民用建筑隔声设计规范》GB 50118 中的低限要求。

2 外墙、隔墙、楼板和门窗等构件的隔声性能应满足现行国家标准《民用建筑隔声设计规范》GB 50118 中的低限要求。

5.1.5 建筑照明应符合下列规定：

1 照明数量和质量应符合现行国家标准《建筑照明设计标准》GB 50034 的规定。

2 人员长期停留的场所应采用符合现行国家标准《灯和灯系统的光生物安全性》GB/T 20145 规定的无危险类照明产品。

3 选用 LED 照明产品的光输出波形的波动深度应满足现行国家标准《LED 室内照明应用技术要求》GB/T 31831 的规定。

5.1.6 应采取措施保障室内热环境：

1 采用集中供暖空调系统的建筑，房间内的温度、湿度、新风量等设计参数应符合现行国家标准《民用建筑供暖通风与空气调节设计规范》GB 50736 的有关规定。

2 采用非集中供暖空调系统的建筑，应具有保障室内热环境的措施或预留条件。

5.1.7 围护结构热工性能应符合下列规定：

1 在室内空调及供暖设计温度、湿度条件下，建筑围护结构内表面不得结露。

2 屋顶和外墙隔热性能应满足现行国家标准《民用建筑热工设计规范》GB 50176 的要求。

5.1.8 主要功能房间应设置现场独立控制的热环境调节装置。

5.1.9 地下车库应设置与排风设备联动的一氧化碳浓度监测装置。

5.2 评分项

Ⅰ 室内空气品质

5.2.1 控制室内主要空气污染物的浓度，评价总分值为 12 分，按下列规则分别评分并累计：

1 氨、甲醛、苯、总挥发性有机物、氡等污染物浓度比现行国家标准规定值降低10%，得3分；降低20%，得6分。

2 室内$PM_{2.5}$年均浓度不高于$25\mu g/m^3$，且室内PM_{10}年均浓度不高于$50\mu g/m^3$，得6分。

5.2.2 选用的装饰装修材料满足国家现行绿色产品评价标准中对有害物质限量的要求，评价总分值为8分，按下列规则评分：

1 选用满足要求的装饰装修材料达到3类及以上，得5分。

2 选用满足要求的装饰装修材料达到5类及以上，得8分。

Ⅱ 水 质

5.2.3 二次供水系统使用符合国家现行有关标准要求的成品水箱，评价分值为8分。

5.2.4 二次供水水池、水箱采取保证储水不变质的措施，评价分值为9分。

5.2.5 所有给水排水管道、设备、设施设置明确、清晰的永久性标识，评价分值为8分。

Ⅲ 声环境与光环境

5.2.6 采取措施优化主要功能房间的室内声环境，并对设备进行噪声与振动控制，评价总分值为8分，按下列规则分别评分并累计：

1 室内噪声级达到现行国家标准《民用建筑隔声设计规范》GB 50118中的低限标准限值和高要求标准限值的平均值，得3分；达到高要求标准限值，得6分。

2 对锅炉、制冷机、冷却塔、电梯主机、大型风机等设备进行有效隔声减振处理，得2分。

5.2.7 主要功能房间的隔声性能良好，评价总分值为10分，按下列规则分别评分并累计：

1 构件及相邻房间之间的空气声隔声性能：达到现行国家标准《民用建筑隔声设计规范》GB 50118中的低限标准限值和高

要求标准限值的平均值，得3分；达到高要求标准限值，得5分。

2 楼板的撞击声隔声性能：对于公共建筑，达到现行国家标准《民用建筑隔声设计规范》GB 50118中的低限标准限值和高要求标准限值的平均值，得3分；达到高要求标准限值，得5分。对于住宅建筑，卧室、起居室的分户楼板撞击声隔声性能达到现行上海市工程建设规范《住宅设计标准》DGJ 08－20对于全装修住宅的限值，得3分；撞击声隔声性能比限值要求降低5dB，得5分。

5.2.8 充分利用天然光，评价总分值为12分，按下列规则分别评分并累计：

1 住宅建筑的起居室和卧室的窗地比达到1/6，得6分；达到1/5，得10分。

2 公共建筑按下列规则分别评分并累计：

1）内区采光系数满足采光要求的面积比例达到60%或通过优化措施提升内区采光系数20%，得4分。

2）地下空间采光系数不小于0.5%的面积与地下室首层面积的比例达到5%，得1分；达到10%，得2分。

3）室内主要功能空间天然采光达到现行国家标准《建筑采光设计标准》GB 50033的规定要求，达标面积比例达到60%，得2分；达到70%，得3分；达到80%，得4分。

3 主要功能房间有眩光控制措施，得2分。

Ⅳ 室内热湿环境

5.2.9 具有良好的室内热湿环境，评价总分值为8分，按下列规则评分：

1 采用自然通风或复合通风的建筑，建筑主要功能房间室内热环境参数在适应性热舒适区域的时间比例，达到30%，得2分；每再增加10%，再得1分，最高得8分。

2 采用人工冷热源的建筑，主要功能房间达到现行国家标准《民用建筑室内热湿环境评价标准》GB/T 50785 规定的室内人工冷热源热湿环境整体评价Ⅱ级及以上的面积比例，达到60%，得5分；每再增加10%，再得1分，最高得8分。

5.2.10 合理优化空间和平面布局，促进过渡季节自然通风，评价总分值为8分，按下列规则评分：

1 住宅建筑：自然通风的开口面积与房间地板面积的比例达到8%，得4分；达到8%且具有良好通风路径，得8分。

2 公共建筑：过渡季典型工况下主要功能房间平均自然通风换气次数不小于2次/h的面积比例达到60%，得4分；每再增加15%，再得2分，最高得8分。

5.2.11 设置可调节遮阳设施，改善室内热环境，评价总分值为9分，根据可调节遮阳设施的面积占外窗透明部分的比例按表5.2.11的规则评分。

表5.2.11 可调节遮阳设施的面积占外窗透明部分比例评分规则

可调节遮阳设施的面积占外窗透明部分比例 S_z	得分
$25\% \leqslant S_z < 35\%$	3
$35\% \leqslant S_z < 45\%$	5
$45\% \leqslant S_z < 55\%$	7
$S_z \geqslant 55\%$	9

6 生活便利

6.1 控制项

6.1.1 建筑及场地设计应满足无障碍要求。

6.1.2 场地人行出入口 500m 内应设有公共交通站点或配备连接公共交通站点的专用接驳车。

6.1.3 停车场(库)的电动汽车停车位及充电设施、无障碍汽车停车位应满足本市相关规划配建要求及相关标准的规定。

6.1.4 非机动车停车场所应位置合理、方便出入。

6.1.5 建筑应合理设置设备自动监控系统。

6.2 评分项

Ⅰ 出行与服务

6.2.1 场地与公共交通站点连接便捷，评价总分值为 8 分，按下列规则分别评分并累计：

1 场地出入口到达公共汽车站点的步行距离不超过 300m，或到达轨道交通站的步行距离不大于 500m，得 4 分。

2 场地出入口步行距离 500m 范围内设有不少于 2 条线路的公共交通站点，得 4 分。

6.2.2 建筑室内外公共区域满足全龄化设计要求，评价总分值为 8 分，按下列规则分别评分并累计：

1 建筑室内公共区域的墙、柱等处的阳角均为圆角，并设有安全抓杆或扶手，得 4 分。

2 设有可容纳担架的无障碍电梯，得 4 分。

6.2.3 提供便利的公共服务，评价总分值为 10 分，按下列规则评分：

1 住宅建筑，至少满足下列要求中 4 项，得 5 分；满足 6 项及以上，得 10 分：

1） 场地出入口到达幼儿园的步行距离不大于 300m。

2） 场地出入口到达小学的步行距离不大于 500m。

3） 场地出入口到达中学的步行距离不大于 1000m。

4） 场地出入口到达医院的步行距离不大于 1000m。

5） 场地出入口到达群众文化活动设施的步行距离不大于 800m。

6） 场地出入口到达老年人日间照料设施的步行距离不大于 500m。

7） 场地周边 500m 范围内具有不少于 3 种商业服务设施。

8） 合理设置非机动车停车充电设施。

2 公共建筑，至少满足下列要求中 3 项，得 5 分；满足 5 项及以上，得 10 分：

1） 建筑内至少兼容 2 种面向社会的公共服务功能。

2） 建筑向社会公众提供开放的公共活动空间。

3） 电动汽车充电桩的车位数占总车位数的比率较现有本市规定基础上提高 5 个百分点。

4） 周边 500m 范围内设有社会公共停车场（库）。

5） 场地不封闭或场地内步行公共通道向社会开放。

6） 场地内设置人行天桥或地道。

6.2.4 合理设置运动场地和空间，评价总分值为 14 分，按下列规则分别评分并累计：

1 室外健身场地面积不小于总用地面积的 0.5%，得 3 分。

2 室内健身空间的面积不小于地上建筑面积的 0.3%且不小于 $60m^2$，得 3 分。

3 设置宽度不小于 1.25m 的专用健身慢行道，健身慢行道长度不小于用地红线周长的1/4且不小于100m，得2分。

4 场地出入口到达居住区公园或城市公园绿地、广场的步行距离不大于300m，得2分。

5 场地出入口到达中型多功能运动场地的步行距离不大于500m，得2分。

6 楼梯间具有天然采光和良好的视野，且距离建筑主入口距离不大于15m，得2分。

Ⅱ 智能化系统

6.2.5 设置能源管理系统实现对建筑能耗的监测、数据分析和管理，评价总分值为8分，按下列规则分别评分并累计：

1 设置分类分级用能自动远传计量系统，得4分。

2 建筑能耗监测系统具有数据应用分析功能，得4分。

6.2.6 设置PM_{10}、$PM_{2.5}$、CO_2浓度的空气质量监测系统，评价总分值为8分，按下列规则分别评分并累计：

1 具有存储至少1年的监测数据和实时显示功能，得4分。

2 对建筑室内空气质量监测数据能实现超标警示，得4分。

6.2.7 设置用水远传计量系统，评价总分值为8分，按下列规则分别评分并累计：

1 设置用水远传计量系统，能分类、分级记录各种用水情况，得4分。

2 系统具有用水情况统计分析和管网漏损诊断分析的功能，管道漏损率低于5%，得4分。

6.2.8 设置智能化服务系统，评价总分值为6分，按下列规则分别评分并累计：

1 提供不少于3种类型的智能服务功能，得3分。

2 具有接入智慧城市（城区、社区）的功能，得3分。

Ⅲ 物业管理

6.2.9 物业管理机构获得有关管理体系认证，评价总分值为3分，按下列规则分别评分并累计：

1 具有ISO 14001环境管理体系认证，得1分。

2 具有ISO 9001质量管理体系认证，得1分。

3 具有现行国家标准《能源管理体系要求》GB/T 23331的能源管理体系认证，得1分。

6.2.10 制定完善的节能、节水、节材、绿化的操作规程、应急预案，具备能源资源管理激励机制，且有效实施，评价总分值为4分，按下列规则分别评分并累计：

1 相关设施具有完善的操作规程和应急预案，得2分。

2 物业管理机构的工作考核体系中包含节能和节水绩效考核激励机制，得2分。

6.2.11 制定二次供水水质检测的管理制度，并对二次供水水质进行现场取样检测，评价分值为3分。

6.2.12 应用信息化手段进行物业管理，评价总分值为4分，按下列规则分别评分并累计：

1 设置物业信息管理系统，得2分。

2 系统功能与管理业务流程匹配，工作数据完整，得2分。

6.2.13 建筑平均日用水量满足现行国家标准《民用建筑节水设计标准》GB 50555中节水用水定额的要求，评价总分值为4分，按下列规则评分：

1 平均日用水量大于节水用水定额的平均值、不大于上限值，得2分。

2 平均日用水量大于节水用水定额下限值、不大于平均值，得3分。

3 平均日用水量不大于节水用水定额下限值，得4分。

6.2.14 定期对建筑运营效果进行评估，并根据结果进行运行优化，评价总分值为 8 分，按下列规则分别评分并累计：

1 制定绿色建筑运营效果评估的技术方案和计划，得 2 分。

2 定期检查、调适公共设施设备，具有检查、调试、运行、标定的记录，且记录完整，得 2 分。

3 定期进行设施性能与能效的诊断评估，并根据评估结果制定优化方案并实施，得 2 分。

4 每年至少开展 1 次针对绿色性能的使用者满意度调查，且根据调查结果制定改进措施并实施、公示，得 2 分。

6.2.15 建立绿色教育宣传和实践机制，编制绿色设施使用手册，形成良好的绿色氛围，评价总分值为 4 分，按下列规则分别评分并累计：

1 每年组织不少于 2 次的绿色建筑技术宣传、绿色生活引导、灾害应急演练等绿色教育宣传和实践活动，并有活动记录，得 2 分。

2 具有绿色生活展示、体验或交流分享的平台，并向使用者提供绿色设施使用手册，得 2 分。

7 资源节约

7.1 控制项

7.1.1 不同建筑功能空间设置分区温度应满足现行国家标准《民用建筑供暖通风与空气调节设计》GB 50736 的要求，合理降低室内过渡区空间的温度设定标准。

7.1.2 应采取措施降低部分负荷、部分空间使用下的供暖、空调系统能耗，并应符合以下规定：

1 应按房间功能需求对供暖、空调系统进行合理分区与控制。

2 空调冷源的部分负荷性能系数(IPLV)、电制冷冷源综合性能系数(SCOP)应符合现行上海市工程建设规范《公共建筑节能设计标准》DGJ 08－107 的规定。

7.1.3 主要功能房间照明功率密度不应高于现行国家标准《建筑照明设计标准》GB 50034 规定的现行值；公共区域照明系统应采用分区、定时、感应等节能控制；天然采光区域的照明应能独立控制。

7.1.4 建筑冷热源、输配系统和照明等各部分能耗应进行独立分项计量。新建国家机关办公建筑和大型公共建筑应按规定设置建筑能耗计量系统，且能耗数据应上传至相应能耗监测平台。

7.1.5 垂直电梯应采取变频调速、能量反馈或群控等节能措施；自动扶梯应采用变频调速、感应启动等节能措施。

7.1.6 应制定水资源利用方案，统筹利用各种水资源，并应符合下列规定：

1 应按使用用途、付费或管理单元，分别设置用水计量装置。

2 用水点处水压大于 0.2MPa 的配水支管应设置减压设

施，并应满足给水配件最低工作压力的要求。

3　二次供水系统的水池、水箱应设置超高水位联动自动关闭进水阀门装置。

4　用水器具和设备应满足节水产品的要求。

5　公共浴室应采取有效的节水措施。

7.1.7　不应采用建筑形体和布置严重不规则的建筑结构。

7.1.8　建筑造型要素应简约，无大量装饰性构件，并应符合下列要求：

1　住宅建筑的装饰性构件造价与建筑总造价的比例不应大于2%。

2　公共建筑的装饰性构件造价与建筑总造价的比例不应大于1%。

7.1.9　500km以内生产的建筑材料重量占建筑材料总重量的比例应大于70%。

7.2　评分项

Ⅰ　节地与土地利用

7.2.1　节约集约利用土地，评价总分值为20分，按下列规则评分：

1　对于住宅建筑，根据其所在居住街坊人均住宅用地指标按表7.2.1-1的规则评分。

表7.2.1-1　居住街坊人均住宅用地指标评分规则

人均住宅用地指标 A(m²)					得分
平均3层及以下	平均4～6层	平均7～9层	平均10～18层	平均19层及以上	
$33<A\leqslant36$	$24<A\leqslant27$	$19<A\leqslant20$	$15<A\leqslant16$	$11<A\leqslant12$	15
$A\leqslant33$	$A\leqslant24$	$A\leqslant19$	$A\leqslant15$	$A\leqslant11$	20

2 对于公共建筑，根据不同功能建筑的容积率(R)按表7.2.1-2的规则评分。

表 7.2.1-2 公共建筑容积率(R)评分规则

行政办公、商务办公、商业金融、旅馆饭店、交通枢纽等	教育、文化、体育、医疗、卫生、科研、产业园、社会福利等	得分
$1.0 \leqslant R < 1.5$	$0.5 \leqslant R < 0.8$	8
$1.5 \leqslant R < 2.5$	$R \geqslant 2.0$	12
$2.5 \leqslant R < 3.5$	$0.8 \leqslant R < 1.5$	16
$R \geqslant 3.5$	$1.5 \leqslant R < 2.0$	20

7.2.2 合理开发利用地下空间，评价总分值为 12 分，根据地下空间开发利用指标，按表 7.2.2 的规则评分。

表 7.2.2 地下空间开发利用指标评分规则

建筑类型	地下空间开发利用指标		得分
住宅建筑	地下建筑面积与地上建筑面积的比率 R_r 地下一层建筑面积与总用地面积的比率 R_P	$10\% \leqslant R_r < 25\%$	5
		$R_r \geqslant 25\%$	7
		$R_r \geqslant 40\%$ 且 $R_P < 70\%$	12
公共建筑	地下建筑面积与总用地面积之比 R_{P1} 地下一层建筑面积与总用地面积的比率 R_P	$R_{P1} \geqslant 0.6$	5
		$R_{P1} \geqslant 0.8$ 且 $R_P < 80\%$	7
		$R_{P1} \geqslant 1.2$ 且 $R_P < 70\%$	12

7.2.3 采用利于节约集约利用土地的停车方式，评价总分值为 8 分，按下列规则评分：

1 住宅建筑地面停车位数量与住宅总套数的比率小于10%，得 5 分；小于 6%，得 8 分。

2 公共建筑地面停车占地面积与其总建设用地面积的比率小于 8%，得 5 分；小于 5%，得 8 分。

Ⅱ 节能与能源利用

7.2.4 优化围护结构热工性能指标，评价总分值 10 分，按下列规则评分：

1 围护结构热工性能满足本市现行相关建筑节能设计标准

中规定性指标要求，得 10 分。

2　建筑供暖空调负荷降低 5%及以上，得 5 分；降低 10%及以上，得 10 分。

7.2.5　空调冷、热源机组等设备能效均优于现行上海市工程建设规范《公共建筑节能设计标准》DGJ 08－107 的规定以及现行有关国家标准能效限定值的要求，评价总分值 10 分，按表 7.2.5 的规则评分。

表 7.2.5　冷、热源机组能效提升幅度评分规则

<table>
<tr><th colspan="2">机组类型</th><th>能效指标</th><th>主要参照标准</th><th colspan="2">评分要求</th></tr>
<tr><td colspan="2">电机驱动的蒸气压缩机循环冷水（热泵）机组</td><td>制冷性能系数（COP）</td><td rowspan="6">现行上海市工程建设规范《公共建筑节能设计标准》DGJ 08－107</td><td>提高 6%</td><td>提高 12%</td></tr>
<tr><td rowspan="2">溴化锂吸收式机组</td><td>直燃型</td><td>制冷、供热性能系数（COP）</td><td>提高 6%</td><td>提高 12%</td></tr>
<tr><td>蒸汽型</td><td>单位制冷量蒸汽耗量</td><td>降低 6%</td><td>降低 12%</td></tr>
<tr><td colspan="2">单元式空气调节器、风管送风式、屋顶式空调机组</td><td>能效比（EER）</td><td>提高 6%</td><td>提高 12%</td></tr>
<tr><td colspan="2">多联式分体空调（热泵）机组</td><td>制冷综合性能系数（IPLV）</td><td>提高 8%</td><td>提高 16%</td></tr>
<tr><td colspan="2">燃气锅炉</td><td>热效率</td><td>提高 1 个百分点</td><td>提高 2 个百分点</td></tr>
<tr><td colspan="2">热泵热水机（器）</td><td>性能系数（COP）</td><td rowspan="3">现行国家相关标准</td><td rowspan="2">节能评价值</td><td rowspan="3">1 级能效等级限值</td></tr>
<tr><td colspan="2">家用燃气快速热水器和燃气采暖热水炉</td><td>热效率（η）</td></tr>
<tr><td colspan="2">房间空气调节器</td><td>全年能源消耗效率（APF）</td><td>2 级能效等级限值</td></tr>
<tr><td colspan="4">得分要求</td><td>5 分</td><td>10 分</td></tr>
</table>

7.2.6 采取有效措施降低供暖空调系统的末端系统及输配系统的能耗，评价总分值为6分，按下列规则分别评分并累计：

1 通风空调系统的单位风量耗功率比现行上海市工程建设规范《公共建筑节能设计标准》DGJ 08－107规定值低20%，得3分。

2 集中供暖热水循环系统、空调冷热水系统循环泵的耗电输冷（热）比现行上海市工程建设规范《公共建筑节能设计标准》DGJ 08－107规定值低20%，得3分。

7.2.7 采取措施降低过渡季节供暖、通风与空调系统能耗，评价分值为6分。

7.2.8 采用节能型照明灯具及控制措施，评价总分值为7分，按下列规则分别评分并累计：

1 主要功能房间的照明功率密度值达到现行国家标准《建筑照明设计标准》GB 50034规定的目标值要求，得4分。

2 人员经常活动的天然采光区域设置可随天然光照度自动调节人工照明的装置，得3分。

7.2.9 合理选用节能型电气设备，评价总分值6分，按下列规则分别评分并累计：

1 三相配电变压器满足现行国家标准《电力变压器能效限定值及能效等级》GB 20052的2级要求，得2分；满足1级要求，得4分。

2 风机、水泵满足现行国家标准《通风机能效限定值及能效等级》GB 19761及《清水离心泵能效限定值及节能评价值》GB 19762节能评价值要求，得2分。

7.2.10 采取措施降低建筑能耗，评价总分值10分。建筑能耗比本市现行节能标准或相关合理用能指南降低10%，得5分；降低15%及以上，得10分。

7.2.11 根据本市气候和自然资源条件，合理利用可再生能源，评价总分值为10分，按表7.2.11的规则评分。

表 7.2.11 可再生能源利用评分规则

评价内容		得分
由可再生能源提供的生活热水比例 R_{hw}	$20\% \leqslant R_{hw} < 35\%$	2
	$35\% \leqslant R_{hw} < 50\%$	4
	$50\% \leqslant R_{hw} < 65\%$	6
	$65\% \leqslant R_{hw} < 80\%$	8
	$R_{hw} \geqslant 80\%$	10
由可再生能源提供的空调用冷用热比例 R_{ch}	$20\% \leqslant R_{ch} < 35\%$	2
	$35\% \leqslant R_{ch} < 50\%$	4
	$50\% \leqslant R_{ch} < 65\%$	6
	$65\% \leqslant R_{ch} < 80\%$	8
	$R_{ch} \geqslant 80\%$	10
由可再生能源提供的电量比例 R_e	$0.5\% \leqslant R_e < 1.0\%$	2
	$1.0\% \leqslant R_e < 2.0\%$	4
	$2.0\% \leqslant R_e < 3.0\%$	6
	$3.0\% \leqslant R_e < 4.0\%$	8
	$R_e \geqslant 4.0\%$	10

Ⅲ 节水与水资源利用

7.2.12 使用较高水效等级的卫生器具，评价总分值为 14 分，按下列规则评分：

1 50%以上卫生器具的用水效率等级达到 1 级，得 12 分。

2 全部卫生器具的用水效率等级达到 1 级，得 14 分。

7.2.13 绿化灌溉采用节水设备或技术，评价总分值为 7 分，按下列规则评分：

1 绿化灌溉采用节水灌溉系统，得 4 分。

2 在采用节水灌溉系统的基础上，设置土壤湿度感应器、雨天自动关闭装置等节水控制措施，或种植无须永久灌溉植物，得 7 分。

7.2.14 空调冷却水系统采用节水设备或技术，评价总分值为7分，按下列规则评分：

1 空调循环冷却水系统采取设置水处理措施、加大集水盘、设置平衡管或平衡水箱等方式，避免冷却水泵停泵时冷却水溢出，得3分。

2 采用无蒸发耗水量的冷却技术，得7分。

7.2.15 室外景观水体应与雨水及河道水利用设施相结合，并对进入景观水体的雨水采用生态设施消减径流污染，评价分值为5分。

7.2.16 合理使用非传统水源及河道水，评价总分值为12分，按下列规则评分：

1 非传统水源及河道水占杂用水总用水量比例不低于40%，或占冷却水补水总用水量的比例不低于10%，或占冲厕总用水量的比例不低于10%，得4分。

2 非传统水源及河道水占杂用水总用水量比例不低于60%，或占冷却水补水总用水量的比例不低于20%，或占冲厕总用水量的比例不低于30%，得8分。

3 非传统水源及河道水占杂用水总用水量比例不低于80%，或占冷却水补水总用水量的比例不低于40%，或占冲厕总用水量的比例不低于50%，得12分。

Ⅳ 节材与绿色建材

7.2.17 建筑所有区域实施土建工程与装修工程一体化设计及施工。评价分值为8分。

7.2.18 合理选用建筑结构材料与构件，评价总分值为8分，按下列规则评分：

1 混凝土结构，按下列规则分别评分并累计：

1） 400MPa级及以上强度等级高强钢筋应用比例达到85%，得4分。

2）混凝土竖向承重结构合理采用强度等级 C50 及以上高强混凝土，其用量占竖向承重结构混凝土总量的比例达到 50%；或高性能混凝土占工程预拌混凝土总量的比例达到 30%，得 4 分。

2 钢结构，按下列规则分别评分并累计：

1）Q345 及以上高强钢材用量占钢材总量的比例达到 50%，得 2 分；达到 70%，得 4 分。

2）螺栓连接等非现场焊接节点占现场全部连接、拼接节点的数量比例达到 50%，得 3 分。

3）采用施工时免支撑的楼屋面板，得 1 分。

3 混合结构：对其混凝土结构部分、钢结构部分，分别按本条第 1 款、第 2 款进行评价，得分取各项得分的平均值。

7.2.19 建筑装修选用的工业化内装部品占同类部品用量比例的 50%以上，评价总分值为 8 分。按工业化内装部品种类进行评分：

1 达到 1 种，得 3 分。

2 达到 3 种，得 5 分。

3 达到 3 种以上，得 8 分。

7.2.20 选用可再循环材料、可再利用材料，评价总分值为 8 分，按以下规则分别评分：

1 住宅建筑：可再循环材料和可再利用材料用量比例达到 6%，得 6 分；达到 10%，得 8 分。

2 公共建筑：可再循环材料和可再利用材料用量比例达到 10%，得 6 分；达到 15%，得 8 分。

7.2.21 选用利废建材，评价总分值 10 分，按下列规则评分：

1 选用 1 种利废建材，其占同类建材的用量比例不低于 50%，且废弃物掺量不低于 15%，得 6 分。

2 选用 2 种利废建材，每一种用量占同类建材的用量比例均不低于 30%，且废弃物掺量不低于 30%，得 8 分。

3 选用 3 种及以上利废建材，每一种用量占同类建材的用量比例均不低于30%，且废弃物掺量不低于30%，得10分。

7.2.22 合理选用绿色建材，评价总分值为8分。绿色建材应用比例不低于30%，得4分；不低于50%，得6分；不低于70%，得8分。

8 环境宜居

8.1 控制项

8.1.1 建筑与场地设计应符合本市相关日照标准的规定。

8.1.2 室外热环境应满足国家现行有关标准的要求。

8.1.3 配建绿地应符合本市城乡规划的要求，并根据本市气候、土壤和环境等条件合理选择绿化方式。

8.1.4 场地竖向设计应有利于雨水的滞蓄、净化、排放或再利用；用地面积大于2万m^2的建筑与小区项目应进行海绵城市设计。

8.1.5 建筑和场地应设置便于识别和使用的标识系统。

8.1.6 场地内不应有排放超标的污染源。

8.1.7 生活垃圾应分类收集，垃圾收集容器、垃圾房及垃圾收集站的设置应与周围景观绿化协调、保持清洁，并符合环卫车辆装载及运输要求。

8.2 评分项

Ⅰ 场地生态与景观

8.2.1 场地设计与建筑布局充分利用原有地形地貌，保护或修复场地生态环境，评价分值为8分，按下列规则评分：

1 保护场地内原有自然水域，或采用生态驳岸、生态浮岛等生态补偿措施，并保持场地内的生态系统与场地外生态系统的连贯性，得8分。

2 采取净地表层土回收利用等生态补偿措施，得8分。

3 根据场地实际情况，采取其他生态恢复或补偿措施，得8分。

8.2.2 充分利用场地空间设置绿化用地，评价总分值为16分。

1 住宅建筑按下列规则分别评分并累计：

1）所在居住街坊内每100m^2绿地，乔木数达到2株，得6分；达到3株，得8分；达到4株，得10分。

2）人均集中绿地面积，按表8.2.2的规则评分，最高得6分。

表8.2.2 住宅建筑人均集中绿地面积评分规则

人均集中绿地面积 A_g（m^2/人）		得分
新区建设	旧区改建	
0.50	0.35	2
$0.50<A_g<0.60$	$0.35<A_g<0.45$	4
$A_g \geqslant 0.60$	$A_g \geqslant 0.45$	6

2 公共建筑按下列规则分别评分并累计：

1）绿地率比规划指标提高幅度达到5%，得10分。

2）场地内可供公众直接进入活动的绿地面积占总绿地面积的比例达到30%，得2分；每增加10%，再得1分，最高得6分。

8.2.3 室外吸烟区位置布置合理，评价总分值为8分，按下列规则分别评分并累计：

1 室外吸烟区布置在建筑主出入口的主导风的下风向，与所有建筑出入口、新风进气口和可开启窗扇的距离不少于8m，且距离儿童和老人活动场地不少于8m，得4分。

2 室外吸烟区与绿植结合布置，并合理配置座椅和带烟头收集的垃圾筒，从建筑主出入口至室外吸烟区的导向标识完整、定位标识醒目，吸烟区设置吸烟有害健康的警示标识，得4分。

8.2.4 生活垃圾收集站、垃圾房的设置符合本市现行相关标准的规定，评价总分值为 6 分，按下列规则分别评分并累计：

1 设置通风、除尘、除臭、隔声等环境保护设施，得 2 分。

2 设置消毒、杀虫、灭鼠等装置，得 2 分。

3 设置垃圾桶清洗装置，收集箱密封可靠，收集运输过程中无污水滴漏，得 2 分。

Ⅱ 海绵城市

8.2.5 对场地雨水实施年径流总量控制，评价总分值为 8 分，按表 8.2.5 规则评分。

表 8.2.5 年径流总量控制率评分规则

年径流总量控制率 f_r(%)	得分
$60 \leqslant f_r < 65$	4
$65 \leqslant f_r < 70$	5
$70 \leqslant f_r < 75$	6
$75 \leqslant f_r < 80$	7
$f_r \geqslant 80$	8

8.2.6 对场地雨水实施年径流污染控制，评价总分值为 6 分，按表 8.2.6 规则评分。

表 8.2.6 年径流污染控制率评分规则

年径流污染控制率 f_p(%)	得分
$35 \leqslant f_p < 40$	2
$40 \leqslant f_p < 45$	3
$45 \leqslant f_p < 50$	4
$50 \leqslant f_p < 55$	5
$f_p \geqslant 55$	6

8.2.7 利用场地空间设置绿色雨水基础设施，评价总分值为12分，按下列规则分别评分并累计：

1 下凹式绿地、雨水花园、人工湿地等有调蓄、净化雨水功能的绿地和水体的面积之和占绿地面积的比例达到40%，得3分；达到50%，得4分；达到60%，得5分。

2 衔接和引导不少于80%的屋面雨水进入地面生态设施，得2分。

3 衔接和引导不少于80%的道路雨水进入地面生态设施，得2分。

4 硬质铺装地面中透水铺装面积的比例达到50%，得3分。

Ⅲ 室外物理环境

8.2.8 场地内的环境噪声优于现行国家标准《声环境质量标准》GB 3096的要求，评价总分值为8分，按下列规则评分：

1 环境噪声值大于2类声环境功能区标准限值，且小于或等于3类声环境功能区标准限值，得5分。

2 环境噪声值小于或等于2类声环境功能区标准限值，得8分。

8.2.9 建筑及照明设计避免产生光污染，评价总分值为10分，按下列规则分别评分并累计：

1 玻璃幕墙的可见光反射比及反射光对周边环境的影响符合现行上海市工程建设规范《建筑幕墙工程技术规程》DG/TJ 08—56和本市相关规定，得5分。

2 室外夜景照明光污染的限制符合现行国家标准《室外照明干扰光限制规范》GB/T 35626和现行行业标准《城市夜景照明设计规范》JGJ/T 163的规定，得5分。

8.2.10 场地内风环境有利于室外行走、活动舒适和建筑的自然通风，评价总分值为8分，按下列规则分别评分并累计：

1 在冬季典型风速和风向条件下，按下列规则分别评分并累计：

1）建筑物周围人行区距地高 1.5m 处风速小于 5m/s 且风速放大系数小于 2，户外休息区、儿童娱乐区风速放大系数小于 1，得 2 分。

2）除迎风第一排建筑外，建筑迎风面与背风面表面风压差不大于 5Pa，得 2 分。

2 过渡季、夏季典型风速和风向条件下，按下列规则分别评分并累计：

1）场地内人活动区不出现无风区，得 2 分。

2）迎风面最小风压处和背风面的最大风压处的压差大于 0.5Pa，得 2 分。

8.2.11 采取措施降低热岛强度，评价总分值为 10 分，按下列规则分别评分并累计：

1 住宅建筑：

1）场地中处于建筑阴影区外的步道、游憩场、庭院、广场等室外活动场地设有乔木、花架等遮阴措施的面积比例，达到 30%，得 4 分；达到 50%，得 7 分。

2）场地中处于建筑阴影区外的位置，设有遮阴面积较大的行道树的路段长度超过 70%，得 3 分。

2 公共建筑：

1）场地中处于建筑阴影区外的步道、游憩场、庭院、广场等室外活动场地设有乔木、花架等遮阴措施的面积比例，达到 10%，得 2 分；达到 20%，得 6 分。

2）场地中处于建筑阴影区外的位置，设有遮阴面积较大的行道树的路段长度超过 70%，得 2 分。

3）屋顶的绿化面积、太阳能板水平投影面积、花架等遮阴措施的累计面积达到屋顶可绿化面积的 75%，得 2 分。

9 提高与创新

9.1 一般规定

9.1.1 绿色建筑评价时，应按本章规定对提高与创新项进行评价。

9.1.2 提高与创新项得分为加分项得分之和，当得分大于 100 分时，应取为 100 分。

9.2 加分项

9.2.1 采用适宜地区特色的建筑风貌设计，因地制宜传承地域建筑文化，评价分值为 10 分。

9.2.2 采用合理措施提升室内环境舒适性。评价总分值为 15 分，按下列规则评分并累计：

1 氨、甲醛、苯、总挥发性有机物、氡等污染物浓度比现行国家标准规定值降低 40%，且室内 $PM_{2.5}$ 年均浓度不高于 $15\mu g/m^3$，得 10 分。

2 主要功能房间的空气相对湿度在供冷、供暖季节达到现行国家标准《民用建筑供暖通风与空气调节设计规范》GB 50736 所规定的室内设计参数Ⅰ级要求，并具有季节适应的湿度调控措施，得 5 分。

9.2.3 充分利用尚可使用的旧建筑，评价分值为 5 分。

9.2.4 采取措施降低建筑能耗，评价总分值 20 分。建筑能耗比本市现行节能标准及相关合理用能指南降低 30% 及以上，得 10 分；降低 40% 及以上，得 15 分；降低 50% 及以上，得 20 分。

9.2.5 景观水体设计与海绵城市理念相融合，兼具调蓄周边雨水的功能，且采用保障水体水质的生态水处理技术，评价分值为10分。

9.2.6 采用符合工业化建造要求的结构体系与建筑构件，评价分值为10分，按下列规则评分：

1 主体结构采用钢结构、木结构，得10分。

2 主体结构采用装配式混凝土建筑结构体系，预制率不低于45%或装配率不低于65%，得10分。

9.2.7 进行建筑碳排放计算分析，采取措施降低单位建筑面积碳排放强度，评价分值为10分。

9.2.8 场地绿容率不低于3.0，评价总分值为5分，按下列规则评分：

1 场地绿容率计算值不低于3.0，得3分。

2 场地绿容率实测值不低于3.0，得5分。

9.2.9 应用建筑信息模型（BIM）技术，评价总分值为15分。在建筑的规划设计、施工建造和运行维护阶段中：一个阶段应用，得5分；两个阶段应用，得10分；三个阶段应用，得15分。

9.2.10 按照本市绿色施工相关标准要求进行施工和管理，评价总分值为10分，按下列规则评分：

1 项目绿色施工满足现行上海市工程建设规范《建筑工程绿色施工评价标准》DG/TJ 08－2262要求，达到银级绿色施工示范工程，得5分。

2 项目绿色施工满足现行上海市工程建设规范《建筑工程绿色施工评价标准》DG/TJ 08－2262要求，达到金级绿色施工示范工程，得10分。

9.2.11 采用建设工程质量潜在缺陷保险产品，评价总分值为10分，按下列规则分别评分并累计：

1 保险承保范围包括地基基础工程、主体结构工程、屋面防水工程和保温工程的质量问题，得7分。

2 保险承保范围包括装修工程、电气管线、上下水管线的安装工程，供热、供冷系统工程和其他土建工程的质量问题，得 3 分。

9.2.12 采取节约资源、保护生态环境、保障安全健康、智慧友好运行、传承历史文化、绿色金融等其他创新，并有明显效益，评价总分值为 30 分。每采取一项，得 5 分，最高得 30 分。

本标准用词说明

1 为便于在执行本标准条文时区别对待，对要求严格程度不同的用词说明如下：

1） 表示很严格，非这样做不可的用词：

正面词采用“必须”；

反面词采用“严禁”。

2） 表示严格，在正常情况下均应这样做的用词：

正面词采用“应”；

反面词采用“不应”或“不得”。

3） 表示允许稍有选择，在条件许可时首先应这样做的用词：

正面词采用“宜”；

反面词采用“不宜”。

4） 表示有选择，在一定条件下可以这样做的用词，采用“可”。

2 标准中指明应按其他有关标准执行的写法为：“应符合……的规定（或要求）”或“应按……执行”。

引用标准名录

1 《声环境质量标准》GB 3096
2 《生活饮用水卫生标准》GB 5749
3 《清水离心泵能效限定值及节能评价值》GB 19762
4 《电力变压器能效限定值及能效等级》GB 20052
5 《民用建筑隔声设计规范》GB 50118
6 《建筑采光设计标准》GB 50033
7 《建筑照明设计标准》GB 50034
8 《民用建筑供暖通风与空气调节设计规范》GB 50736
9 《民用建筑热工设计规范》GB 50176
10 《民用建筑节水设计标准》GB 50555
11 《灯和灯系统的光生物安全性》GB/T 20145
12 《能源管理体系要求》GB/T 23331
13 《LED 室内照明应用技术要求》GB/T 31831
14 《室外照明干扰光限制规范》GB/T 35626
15 《民用建筑室内热湿环境评价标准》GB/T 50785
16 《城市夜景照明设计规范》JGJ/T 163
17 《建筑地面工程防滑技术规程》JGJ/T 331
18 《生活垃圾收集站技术规程》CJJ 179
19 《住宅设计标准》DGJ 08—20
20 《公共建筑节能设计标准》DGJ 08—107
21 《居住建筑节能设计标准》DGJ 08—205
22 《建筑幕墙工程技术规程》DG/TJ 08—56
23 《建筑工程绿色施工评价标准》DG/TJ 08—2262

上海市工程建设规范

绿色建筑评价标准

DG/TJ 08－2090－2020

J 12001－2020

条文说明

2020　上海

目　次

Contents

1 总 则

1.0.1 上海市工程建设规范《绿色建筑评价标准》DG/TJ 08－2090－2012(以下简称“2012 版标准”)发布实施以来,对本市绿色建筑的规划、设计、建设、运营提供了技术支撑和评价依据,规范和推动了本市绿色建筑的快速发展。

随着我国生态文明建设和建筑科技的快速发展,绿色建筑在实施和发展过程中遇到了新的问题、机遇和挑战。建筑科技发展迅速,建筑工业化、海绵城市、建筑信息模型、健康建筑等高新建筑技术和理念不断涌现并投入应用,这些新领域方向和新技术发展并未在 2012 版标准中充分体现。因此,根据上海市住房和城乡建设管理委员会的要求,由上海市建筑科学研究院(集团)有限公司、上海市建筑建材业市场管理总站会同有关单位对 2012 版标准进行修订。

1.0.2 本条明确了本标准的适用范围,即本标准适用于各类民用建筑绿色性能的评价,包括住宅建筑和公共建筑。非住宅类居住建筑的评价要求按照本标准具体条文执行。

1.0.3 在本市不同区域,气候、环境、资源、经济发展水平与民俗文化等方面都存在一定差异,而因地制宜又是绿色建筑建设的基本原则,因此对绿色建筑的评价,应综合考量建筑所在位置的气候、环境、资源、经济和文化等条件和特点。建筑物从规划设计到施工,再到运行使用及最终的拆除,构成一个全寿命期。

本次修订,以“四节一环保”为基本约束,以“以人为本”为核心要求,对建筑的安全耐久、健康舒适、生活便利、资源节约、环境宜居等方面的性能进行综合评价。

1.0.4 绿色建筑充分利用场地原有的自然要素,能够减少开发建设对场地及周边生态系统的改变。从适应场地条件和气候特征入手,优化建筑布局,有利于创造积极的室外环境。对场地风环境、光环境的合理组织和利用,可以改善建筑的自然通风和日照条件,提高场地舒适度;对场地热环境的合理组织,可以降低热岛强度;对场地声环境的合理组织,可以降低建筑室内外噪声。

1.0.5 符合国家和本市相关法律法规和有关标准是参与绿色建筑评价的前提条件。本标准重点在于对建筑绿色性能进行评价,并未涵盖通常建筑物所应有的全部功能和性能要求,故参与评价的建筑尚应符合国家和本市现行有关标准的规定。限于篇幅,本条文说明不逐一列出有关标准,仅列出部分标准,如:现行国家标准《城市居住区规划设计标准》GB 50180、《建筑设计防火规范》GB 50016,现行上海市工程建设规范《住宅设计标准》DGJ 08－20、《建筑幕墙工程技术规程》DGJ 08－56、《公共建筑节能设计标准》DGJ 08－107 等。

3 基本规定

3.1 一般规定

3.1.1 建筑单体和建筑群均可以参评绿色建筑，临时建筑不得参评。单栋建筑应为完整的建筑，不得从中剔除部分区域。对于建筑未交付使用时，应坚持本条原则，不对一栋建筑中的部分区域开展绿色建筑评价。但建筑运行阶段，可能会存在两个或两个以上业主的多功能综合性建筑，此情况下可灵活处理，首先仍应考虑“以一栋完整的建筑为基本对象”的原则，鼓励其业主联合申请绿色建筑评价；如所有业主无法联合申请，但有业主有意愿单独申请时，可对建筑中的部分区域进行评价，但申请评价的区域，建筑面积应不少于 2 万 m^2，且有相对独立的暖通空调、给水排水等设备系统，此区域的电、气、热、水耗也能独立计量，还应明确物业产权和运行管理涵盖的区域，涉及的系统性、整体性指标，仍应按照本条的相关规定执行。

绿色建筑的评价，首先应基于评价对象的性能要求。当需要对某工程项目中的单栋建筑或建筑群进行评价时，由于有些评价指标是针对该工程项目设定的，或该工程项目中其他建筑也采用了相同的技术方案，难以仅基于该单栋建筑进行评价，此时，应以该栋建筑所属工程项目的总体为基准进行评价。即当评价内容涉及工程建设项目总体要求时(如容积率、绿地率、年径流总量控制率等控制指标)，应依据该项目的整体控制指标，即所在地城乡规划行政主管部门核发的工程建设规划许可证及其设计条件提出的控制要求，进行评价。

建筑群是指位置毗邻、功能相同、权属相同、技术体系相同

（相近）的两个及以上单体建筑组成的群体。常见的建筑群有住宅建筑群、办公建筑群。当对建筑群进行评价时，可先用本标准评分项和加分项对各单体建筑进行评价，得到各单体建筑的总得分，再按各单体建筑的建筑面积进行加权计算得到建筑群的总得分，最后按建筑群的总得分确定建筑群的绿色建筑等级。

无论评价对象为单栋建筑或建筑群，计算系统性、整体性指标时，边界应选取一致，一般以城市道路完整围合的最小用地面积为宜。如最小规模的城市居住区即城市道路围合的居住街坊（现行国家标准《城市居住区规划设计标准》GB 50180 规定的居住街坊规模），或城市道路围合、由公共建筑群构成的城市街坊。

3.1.2 本次修订重新规定了绿色建筑评价阶段。住房和城乡建设部《建筑节能与绿色建筑发展“十三五”规划》、上海市《绿色建筑“十三五”专项规划》等政策文件明确提出全面推进绿色建筑高质量发展，为此参考国家标准《绿色建筑评价标准》GB/T 50378—2019，将绿色建筑评价节点放在建筑工程竣工后进行，旨在更加有效地约束绿色建筑技术落地，保障绿色建筑性能的实现。同时，为兼顾上海的相关管理要求，将绿色建筑评价细分为竣工评价和运行评价。

竣工评价、运行评价均可作为绿色性能的认定，由申请评价方根据实际需求自行选择申请某一阶段的评价或两个阶段均申请评价。竣工评价在建筑竣工后进行；运行评价在建筑竣工验收完成且可提供全年运行数据后进行，全年运行数据应能满足相关条文及指标的判定要求，且符合相关规定要求。

本标准同时提出，建筑工程施工图设计完成后可进行预评价，目的是尽早掌握绿色技术策略，及时优化或调整建筑方案或技术措施，更好地保障绿色性能的实现，为持续运营管理提前做准备。

3.1.3 本条对申请评价方的相关工作提出要求。绿色建筑注重全寿命期内资源节约与环境保护的性能，申请评价方应对建筑全寿命期内各个阶段进行控制，优化建筑技术、设备和材料选用，综合评估建筑规模、建筑技术与投资之间的总体平衡，并按本标准的要求提交相应的分析、测试报告和相关文件。申请建筑工程竣工后的绿色建筑评价，项目所提交的一切资料均应基于工程竣工资料，不得以申请预评价时的设计文件替代。申请评价方对所提交资料的真实性和完整性负责。

3.1.4 本条对绿色建筑评价工作提出了要求。绿色建筑评价机构应按照本标准的有关要求审查申请评价方提交的报告、文档，并在评价报告中确定等级，评价机构还应根据具体项目情况，必要时应组织现场核查，进一步审核规划设计要求的落实情况、实际性能和运行效果。各评价条文的具体评价方式在预评价、竣工评价、运行评价时存在一定的差异，详见本标准第4～9章各评价条文的条文说明中“【评价方式】”。

3.1.5 本条参照现行国家标准要求对申请绿色金融服务的建筑项目提出了要求。2016年8月31日，中国人民银行、财政部、国家发展改革委、环境保护部、银监会、证监会、保监会印发《关于构建绿色金融体系的指导意见》，指出绿色金融是指为支持环境改善、应对气候变化和资源节约高效利用的经济活动，即对环保、节能、清洁能源、绿色交通、绿色建筑等领域的项目投融资、项目运营、风险管理等所提供的金融服务。绿色金融服务包括绿色信贷、绿色债券、绿色股票指数和相关产品、绿色发展基金、绿色保险、碳金融等。对于申请绿色金融服务的建筑项目，应按照相关要求，对建筑的能耗和节能措施、碳排放、节水措施等进行计算和说明并形成专项报告。若绿色金融相关管理文件中无特殊规定，建筑能耗、碳排放等按本标准相关条文中的方法计算；节能措施说明包括用能设备能效、可再生能源利用、重要节能技术等；建筑节水措施说明包括节水器具使用情况、用水计量情况等。

3.2 评价与等级划分

3.2.1 本次修订，跟国家标准《绿色建筑评价标准》GB/T 50378—2019 相对应，将绿色建筑的评价指标体系调整为安全耐久、健康舒适、生活便利、资源节约、环境宜居 5 类指标，升级了 2012 版标准的指标体系。新的指标体系更符合目前国家新时代鼓励创新的发展方向，名称易懂、易理解和易接受，更好体现了新时代所关心的问题，能够提高人们对绿色建筑的可感知性。每类指标均包括控制项和评分项。为了鼓励绿色建筑采用提高、创新的建筑技术和产品建造更高性能的绿色建筑，评价指标体系还统一设置“提高与创新”加分项。

3.2.2 本次修订对于评定结果的修改较大，由 2012 版标准项数达标制调整为分数达标制，需先考量控制项是否全部达标，再通过综合评分项和加分项的评分结果最终确定评价等级。

控制项为绿色建筑的必备条件，控制项的评定应对条文逐一判定是否达标。

评分项的评价，参考现行国家标准要求，表现为具体条文得分或不得分，需要对具体评分子项确定得分值，或根据具体达标程度确定得分值。

加分项的评价，依据评价条文的规定确定得分或不得分。

3.2.3 本条中的综合性单体建筑，指的是包含不同功能的完整的单栋建筑。该类型的建筑以各个条/款为基本评判单元。对于某一条文，只要建筑中有相关区域涉及，则该建筑就参评并确定得分。对于条文下设两款分别针对住宅建筑和公共建筑，所评价建筑如果同时包含住宅建筑和公共建筑，则需按这两种功能分别对应条款要求进行评价后再取平均值。总体原则为：只要有涉及即全部参评；系统性、整体性指标应总体评价；所有部分均满足要求才得分；递进分档的条文，按“就低不就高”的原则确定得分。

综合性单体建筑整体的等级仍按本标准的规定确定。

3.2.4 本次修订以“四节一环保”为基本约束，遵循“以人民为中心”的发展理念，构建了新的绿色建筑评价指标体系。控制项基础分值的获得条件是满足本标准所有控制项的要求。5类指标对于住宅建筑和公共建筑同等重要，所以未按照不同建筑类型划分各评价指标评分项的总分值。

本次修订，将绿色建筑的评价指标体系评分项分值进行了调整。“资源节约”指标包含了节地、节能、节水、节材的相关内容，故该指标的总分值高于其他指标。“创新”为加分项，鼓励绿色建筑创新，创新项加分值的总分值为100分。

本条规定的评价指标评分项满分值、提高与创新加分项满分值均为最高可能的分值。对于竣工即进行评价的建筑，部分与运行有关的条文仍无法得分。例如：本标准第6章“生活便利”第6.2.9～6.2.15条设置的评价指标为建筑项目投入使用后的要求，在预评价和竣工评价时无法进行评判，因此相比运行评价，预评价和竣工评价时“生活便利”指标的评分项满分值由100分降为70分。

另外，本标准第9章“提高与创新”第9.2.10条为施工相关要求，在预评价时无法进行评价，因此该条文在预评价时不得分。

3.2.5 本条对绿色建筑评价中的总得分的计算方法作出了规定。参评建筑的总得分由控制项基础分值、评分项得分和提高与创新加分项得分三部分组成。控制项基础分值的获得条件是满足本标准所有控制项的要求，提高与创新加分项得分应按本标准第9章的相关要求确定。

3.2.6 本次修订与国家标准《绿色建筑评价标准》GB/T 50378－2019的评价等级划分保持一致，将绿色建筑分为4个等级，其中基本级为最低等级，三星级为最高等级。

3.2.7 控制项是绿色建筑的必要条件，第1款提出当建筑项目满足本标准全部控制项的要求时，绿色建筑的等级即达到基本级。

第 2 款，当对绿色建筑进行星级评价时，首先应该满足本标准规定的全部控制项要求，同时规定了每类评价指标的最低得分要求，以实现绿色建筑性能均衡。

第 3 款提出了全装修要求。本标准术语第 2.0.3 条对于住宅建筑和公共建筑的全装修范围进行了界定。对于住宅建筑，上海市住建委 2016 年发布了《关于进一步加强本市新建全装修住宅建设管理的通知》，通知明确提出全装修住宅项目应采用建筑、装修一体化设计，预埋机电、管线等内装设计必须同步到位。从 2017 年 1 月 1 日起，凡出让的本市新建商品房建设用地，全装修住宅面积占新建商品住宅面积（三层及以下的低层住宅除外）的比例为：外环线以内的城区应达到 100%，除奉贤区、金山区、崇明区之外，其他地区应达到 50%。奉贤区、金山区、崇明区实施全装修的比例为 30%，至 2020 年应达到 50%。本市保障性住房中，公共租赁住房（含集中新建和商品住房中配建）的全装修比例为 100%。对于公共建筑，要求公共区域全装修应满足现行国家标准《建筑装饰装修工程质量验收标准》GB 50210 的相关要求，选用的材料和产品应满足相应产品标准的质量要求，并结合上海本地的消费习惯，最大程度避免二次装修。

在满足第 1、2、3 款的前提下，按本标准第 3.2.5 条的规定计算得到绿色建筑总得分。当总得分分别达到 60 分、70 分、85 分，且满足表 3.2.7 的技术要求时，绿色建筑等级方可评定为一星级、二星级、三星级。

为提升本市绿色建筑性能品质，本条第 4 款结合本市的现状需求和发展趋势，对一星级、二星级、三星级绿色建筑提出了更高的技术要求。其中“住宅建筑隔声性能”对应的标准为现行国家标准《民用建筑隔声设计规范》GB 50118 和现行上海市工程建设规范《住宅设计标准》DGJ 08－20，二者取值参照本标准第 5.2.7 条规定执行。“室内主要空气污染物”包括氨、甲醛、苯、总挥发性有机物、氡、可吸入颗粒物等，其浓度降低基准参照现行国家标准《室内空气质量标准》GB/T 18883，具体评价方法详见本标准第5.1.1条的条文说明。对一星级、二星级、三星级绿色建筑的外窗气密性能及外窗安装的施工质量提出了要求。“外窗的气密性能”应符合现行上海市工程建设规范《居住建筑节能设计标准》DGJ 08－205、《公共建筑节能设计标准》DGJ 08－107 等的规定。住宅建筑根据上海市工程建设规范《居住建筑节能设计标准》DGJ 08－205－2015 中强制性条文 4.0.1 的规定，建筑外窗及阳台门的气密性等级不应低于国家标准《建筑外门窗气密、水密、抗风压性能分级及检测方法》GB/T 7106－2008 规定的 6 级要求；公共建筑根据上海市工程建设规范《公共建筑节能设计标准》DGJ 08－107－2015中第 3.2.6、3.2.7 条的规定，外窗气密性不应低于国家标准《建筑外门窗气密、水密、抗风压性能分级及检测方法》GB/T 7106－2008 规定的 6 级要求，玻璃幕墙气密性不应低于国家标准《建筑幕墙》GB/T 21086－2007 中规定的 3 级要求。在外窗安装施工过程中，应严格按照相关工法和相关验收标准要求进行，保证外窗洞口与外窗本体的结合部位严密。评价方式为：预评价查阅外窗气密性能设计文件、节能计算报告书；竣工评价和运行评价查阅外窗性能设计文件、节能计算报告书及气密性能检测报告，并现场核实。

4 安全耐久

4.1 控制项

4.1.1 本条适用于各类民用建筑的预评价、竣工评价和运行评价。

本条对绿色建筑的场地安全提出要求。建筑场地与各类危险源的距离应满足相应危险源的安全防护距离等控制要求，对场地中不利地段或潜在危险源应采取必要的避让、防护或控制、治理等措施，对场地中存在的有毒有害物质应采取有效的治理措施进行无害化处理，确保符合各项安全标准。

场地的防洪设计应符合现行国家标准《防洪标准》GB 50201和《城市防洪工程设计规范》GB/T 50805 的有关规定，选址尚应符合现行国家标准《城市抗震防灾规划标准》GB 50413 和《建筑抗震设计规范》GB 50011 的规定；电磁辐射应符合现行国家标准《电磁环境控制限值》GB 8702 和《环境电磁波卫生标准》GB 9175的有关规定；土壤中氡浓度的控制应符合现行国家标准《民用建筑工程室内环境污染控制规范》GB 50325 的有关规定；场地及周边的加油站、加气站，以及燃油应急发电机的日用油箱、储油罐等危险源应满足国家及本市现行相关标准中关于安全防护等的控制要求。

关于含氡土壤，根据《中国土壤氡概况》的相关划分，上海整体处于土壤氡含量低背景、中背景区域，对工程场地所在地点不存在地质断裂构造的项目，可不提供土壤氡浓度检测报告。

【评价方式】

1 预评价：查阅项目区位图、场地地形图、工程地质勘察报告，可能涉及污染源、电磁辐射等需提供相关检测报告，核查相关污染源、危险源的安全避让防护距离或治理措施的合理性，项目防洪工程设计是否满足所在地防洪标准要求，项目是否符合城市抗震防灾的有关要求。

2 竣工评价：查阅相关资料，必要时现场核查相关防护治理措施。

3 运行评价：查阅相关文件，并现场核实相关防护治理措施。

4.1.2 本条适用于各类民用建筑的预评价、竣工评价和运行评价。

本条重点考量建筑结构自身的安全耐久以及外围护结构和其他非结构构件等与主体结构连接的安全耐久。

建筑结构的承载力和建筑使用功能要求主要涉及安全与耐久，是满足建筑长期使用的首要条件。结构设计应满足承载能力极限状态计算和正常使用极限状态验算的要求，并应符合国家现行相关标准及本市现行相关地方标准的规定。同时，针对建筑运行期内可能出现地基不均匀沉降、使用环境影响导致的钢材锈蚀等影响结构安全的问题，应定期对结构进行检查、维护与管理。

建筑外墙、屋面、门窗、幕墙及外保温等外围护结构应满足建筑使用的安全性要求，连接牢固并能适应主体结构变形。推荐采用外墙与保温装饰一体化设计。

【评价方式】

1 预评价：查阅相关设计文件（含结构施工图，结构计算书，各连接件、配件、预埋件的力学性能及检验检测要求等）、产品设计要求等。

2 竣工评价：查阅相关竣工图（或竣工验收报告）、产品说明书、力学及耐久性能测试或实验报告，必要时现场核查。

3 运行评价：查阅相关竣工图（或竣工验收报告）、产品说明书、力学及耐久性能测试或实验报告，并现场核实。

4.1.3 本条适用于各类民用建筑的预评价、竣工评价和运行评价。

建筑外墙、屋面、门窗、幕墙及外保温等围护结构应满足安全、耐久和防护要求。建筑围护结构防水对于建筑美观、耐久性能、正常使用功能和寿命都有重要影响,因此建筑外墙、屋面、地下室顶板、地下室外墙及底板等围护结构应符合现行国家标准《屋面工程技术规范》GB 50345、《地下工程防水技术规范》GB 50108 和现行行业标准《建筑外墙防水工程技术规程》JGJ/T 235 等现行标准中关于防水材料和防水设计施工的规定。外遮阳、太阳能设施、空调室外机位、墙面绿化等外部设施应与建筑主体结构统一设计、施工,确保连接可靠,并应符合《建筑遮阳工程技术规范》JGJ 237、《民用建筑太阳能热水系统应用技术标准》GB 50364、《民用建筑太阳能光伏系统应用技术规范》JGJ 203、《装配式混凝土建筑技术标准》GB/T 51231 等现行相关标准的规定。

外部设施需要定期检修和维护,因此在建筑设计时应考虑后期检修和维护条件,如设计检修通道、马道和吊篮固定端等。当与主体结构不同时施工时,应设预埋件,并在设计文件中明确预埋件的检测验证参数及要求,确保其安全性与耐久性。比如,每年频发的空调外机坠落或安装人员作业时跌落伤亡事故,已成为建筑的重大危险源,故新建或改建建筑设计时预留与主体结构连接牢固的空调外机安装位置,并与拟定的机型大小匹配,同时预留操作空间,保障安装、检修、维护人员安全。

【评价方式】

1 预评价:查阅相关设计文件(含建筑、结构、幕墙等专业施工图等)。

2 竣工评价:查阅相关竣工图(或竣工验收报告)、相关材料检测报告,必要时现场核查。

3 运行评价:查阅相关竣工图(或竣工验收报告)、相关材料检测报告,并现场核实。

4.1.4 本条适用于各类民用建筑的预评价、竣工评价和运行评价。

本条重点考量建筑结构和其他非结构构件等与主体结构连接的安全耐久。

建筑内部的非结构构件、设备及附属设施等应连接牢固并能适应主体结构变形。建筑内部的非结构构件包括非承重墙体、附着于楼屋面结构的构件、装饰构件和部件等。设备指建筑中为建筑使用功能服务的附属机械、电气构件、部件和系统，主要包括电梯、照明和应急电源、通信设备、管道系统、采暖和空气调节系统、烟火监测和消防系统、公用天线等。附属设施包括整体卫生间、橱柜、储物柜等。建筑内部非结构构件、设备及附属设备等应采用机械固定、焊接、预埋等牢固性构件连接方式或一体化建造方式与建筑主体结构可靠连接，防止由于个别构件破坏引起连续性破坏或倒塌。应注意的是，以膨胀螺栓(后置锚栓)、捆绑、支架、粘结等连接或安装方式均不能视为一体化措施，但在保证连接牢固的前提下可局部使用，不得大面积采用。

室内装饰装修除应符合国家现行相关标准和本市现行地方标准的规定外，还需对承重材料的力学性能进行检测验证。装饰构件之间以及装饰构件与建筑墙体、楼板等构件之间的连接力学性能应满足设计要求，连接可靠并能适合主体结构在地震作用之外各种荷载作用下的变形。

【评价方式】

1 预评价：查阅相关设计文件(含结构施工图，结构计算书，各连接件、配件、预埋件的力学性能及检验检测要求等)、产品设计要求等。

2 竣工评价：查阅相关竣工图(或竣工验收报告)、产品说明书、力学及耐久性能测试或实验报告，必要时现场核查。

3 运行评价：查阅相关竣工图(或竣工验收报告)、产品说明书、力学及耐久性能测试或实验报告，并现场核实。

4.1.5 本条适用于各类民用建筑的预评价、竣工评价和运行评价。

门窗和幕墙是实现建筑物理性能的极其重要的功能性构件。设计时，外门窗和幕墙应以满足不同气候及环境条件下的建筑物使用功能要求为目标，明确抗风压性能、气密性、水密性、耐撞击等性能指标和等级，并应符合《塑料门窗工程技术规程》JGJ 103、《铝合金门窗工程技术规范》JGJ 214、《建筑幕墙》GB/T 21086、《玻璃幕墙工程技术规范》JGJ 102、《金属与石材幕墙工程技术规范》JGJ 133 等现行相关标准的规定。

外门窗和幕墙的检测与验收应按现行国家标准《建筑外门窗气密、水密、抗风压性能现场检测方法》GB/T 7106、《建筑幕墙气密、水密、抗风压性能检测方法》GB/T 15227、《建筑装饰装修工程质量验收标准》GB 50210 和现行行业标准《建筑外窗气密、水密、抗风压性能现场检测方法》JG/T 211、《建筑门窗工程检测技术规程》JGJ/T 205 等相关标准的规定执行。

【评价方式】

1 预评价：查阅相关设计文件（含建筑、结构、幕墙等专业施工图、门窗及幕墙产品“四性”检测报告等）。

2 竣工评价：查阅相关竣工图（或竣工验收报告）、门窗、幕墙及相关材料检测报告，必要时现场核查。

3 运行评价：查阅相关竣工图（或竣工验收报告）、门窗、幕墙及相关材料检测报告，并现场核实。

4.1.6 本条适用于各类民用建筑的预评价、竣工评价和运行评价。

本条对卫生间、浴室的地面防水进行了规定。为避免水蒸气透过墙体或顶棚，使隔壁房间或住户受潮气影响，导致诸如墙体发霉、破坏室内效果等情况发生，要求墙面、顶棚设防潮层，其设计应符合现行行业标准《住宅室内防水工程技术规范》JGJ 298 的规定。

【评价方式】

1 预评价：查阅相关设计文件（含建筑、结构、装修、幕墙等专业施工图等）。

2 竣工评价：查阅相关竣工图（或竣工验收报告）、材料有关检测报告，必要时现场核查。

3 运行评价：查阅相关竣工图（或竣工验收报告）、材料有关检测报告，并现场核实。

4.1.7 本条适用于各类民用建筑的预评价、竣工评价和运行评价。

在发生突发事件时，疏散和救护顺畅非常重要，必须在场地、建筑及设备设施设计中考虑对策和措施。建筑应根据其高度、规模、使用功能和耐火等级等因素合理设置安全疏散和避难设施。安全出口和疏散门的位置、数量、宽度及疏散楼梯间的形式，应满足人员安全疏散的要求。走廊、疏散通道等应满足现行国家标准《建筑设计防火规范》GB 50016、《防灾避难场所设计规范》GB 51143 等对安全疏散和避难、应急交通的相关要求。本条重在强调保持通行空间路线畅通、视线清晰、不受烟气影响，不应有阳台花池、机电箱等凸向走廊、疏散通道的设计，防止对人员活动、步行交通、消防疏散埋下安全隐患。

【评价方式】

1 预评价：查阅相关设计文件（含建筑、结构、机电、装修、场地景观、消防等专业施工图等）。

2 竣工评价：查阅相关竣工图、消防竣工验收合格材料、消防设施及系统检测合格文件、消防验收合格意见等，必要时现场核查。

3 运行评价：查阅相关竣工图、消防竣工验收合格材料、消防设施及系统检测合格文件、消防验收合格意见等，并现场核实。

4.1.8 本条适用于各类民用建筑的预评价、竣工评价和运行评价。

根据国家标准《安全标识及其使用导则》GB 2894－2008，可依据建筑用途按需设置禁止标识、警告标识、指令标识和提示标识。

安全警示标志能够起到提醒建筑使用者注意安全的作用，警示标志一般设置于人员流动大的场所，青少年和儿童经常活动的场所，容易碰撞、夹伤、湿滑及危险的部位和场所等。比如禁止攀爬、禁止倚靠、禁止伸出窗外、禁止抛物、注意安全、当心碰头、当心夹手、当心车辆、当心坠落、当心滑倒、当心落水等。

设置安全引导指示标志，具体包括人行导向标识，紧急出口标志、避险处标志、应急避难场所标志、急救点标志、报警点标志以及其他促进建筑安全使用的引导标志等。对地下室、停车场等还包括车行导向标识。标识设计需要结合建筑平面与建筑功能特点结合流线，合理安排位置和分布密度。在难以确定位置和方向的流线节点上，应增加标识点位以便明示和指引。以紧急出口标志为例，一般设置于便于安全疏散的紧急出口处，结合方向箭头设置于通向紧急出口的通道、楼梯口等处。

【评价方式】

1 预评价：查阅标识系统设计图纸及设计说明（有标识设计系统图纸和设计说明即可，不限定标识设置的数量、位置等）。

2 竣工评价：查阅预评价方式涉及的竣工文件，查阅相关影像资料等，必要时现场核查。

3 运行评价：查阅竣工评价涉及的资料，并现场核实。

4.1.9 本条适用于各类民用建筑的预评价、竣工评价和运行评价。

上海冬季天气温度可达零度以下，敷设在室外、半室外及与室外空间直接相通的楼梯、走廊、坡道、车库等部位的给水、消防管道可能会发生冰冻，故需要对给水管道、阀门和设备进行防冻保温，其设计和施工应符合国家和本市现行有关标准的规定。

【评价方式】

1 预评价：查阅给水、消防等系统设计图纸及设计说明。

2 竣工评价：查阅给水、消防等系统的竣工文件，查阅相关影像资料等，必要时现场核查。

3 运行评价：查阅给水、消防等系统的竣工文件，查阅相关影像资料等，并现场核实。

4.2 评分项

Ⅰ 安 全

4.2.1 本条适用于各类民用建筑的预评价、竣工评价和运行评价。

采用基于性能的抗震设计并适当提高建筑的抗震性能指标要求，如针对重要结构构件采用“中震不屈服”“中震弹性”及以上的性能目标，或者为满足使用功能而提出比现行标准要求更高的抗震设防要求(抗震措施、刚度要求等)，可以提高建筑的抗震安全性及功能性；采用隔震、消能减震等抗震新技术，也是提高建筑的设防类别或提高抗震性能要求的有效手段。

针对住宅建筑，一般剪力墙、框支剪力墙居多，可采用的抗震性能设计措施建议如下：

1 抗震设防要求高于国家和本市现行抗震规范的要求。如采用地震力放大系数不小于1.1、抗震构造措施提高1级、层间位移角限值不大于规范限值的90%以上等措施，均可适当提高建筑的抗震性能。

2 采用抗震性能化设计。如针对剪力墙的底部加强区的约束边缘构件按“中震不屈服”、框支层的约束边缘构件按“中震弹性”、框支柱及框支梁按“中震弹性”设计等，均可适当提高建筑的抗震性能。

针对公共建筑，一般框架、框架-剪力墙、框架-核心筒居多，可采用的抗震性能设计措施建议如下：

1 抗震设防要求高于国家和本市现行抗震规范的要求。如采用地震力放大系数不小于1.1、抗震构造措施提高1级、层间位移角限值不大于规范限值的90%以上等措施，均可适当提高建筑的抗震性能。

2 采用抗震性能化设计。如针对剪力墙的底部加强区的约束边缘构件按“中震不屈服”、框架-核心筒的外框柱按抗弯“中震不屈服”、抗剪“中震弹性”设计等，均可适当提高建筑的抗震性能。

3 采用隔震、消能减震等抗震新技术，也可提高建筑整体抗震性能。如采用基础隔震、框架增加普通支撑、约束支撑等消能减震技术，均可适当提高建筑的抗震性能。

结合住宅建筑、公共建筑对应的结构体系，满足以上抗震性能建议措施中的1项及以上，可得分10分。

【评价方式】

1 预评价：查阅相关设计文件（含结构施工图、结构计算文件、项目抗震性能化设计专项报告等）。

2 竣工评价：查阅相关竣工图（或竣工验收报告）、结构计算文件、项目安全分析报告及应对措施结果，必要时现场核查。

3 运行评价：查阅相关竣工图（或竣工验收报告）、结构计算文件、项目安全分析报告及应对措施结果，并现场核实。

4.2.2 本条适用于各类民用建筑的预评价、竣工评价和运行评价。

第1款，参考现行行业标准《建筑防护栏杆技术标准》JGJ/T 470、《托儿所、幼儿园建筑设计规范》JGJ 39等的有关规定，阳台、外窗、窗台、防护栏杆等强化防坠设计有利于降低坠物伤人风险，阳台外窗采用高窗设计、限制窗扇开启角度、窗台与绿化种植整合设计、适度减少防护栏杆垂直杆件水平净距、安装隐形防盗网等措施，防止物品坠落伤人。外窗的安全防护可与纱窗等相结合，既可以防坠物伤人，还可以防蚊防盗。另外，应避免可导致人员坠落风险的阳台外部或窗台外部动作因素，包括开关燃气阀门、读取水电表、更换灯源、开关外部遮阳或雨棚等。

第2～3款，外墙饰面、外墙粉刷及保温层、幕墙等掉落伤人的事故时有发生。甚至尚未住人的新建小区也出现瓷砖大面积掉落现象。在建筑间距和通路设计时，除了考虑消防、采光、通风、日照间距等，还需考虑采取避免坠物伤人的措施。由于建筑物外墙钢筋混凝土、填充墙体、水泥砂浆、外贴保温、外墙饰面层及幕墙、门窗等的热胀冷缩系数不同，建筑设计时虽然采取设墙面变形缝的措施，但受环境温度、湿度及施工质量的影响，各种材料会发生不同程度的变形，材料连接界面破坏，出现外墙空鼓，最后导致坠落，影响人民生命与财产安全。因此，要求建筑物出入口均采取措施防止外墙饰面、门窗玻璃、幕墙意外脱落，并与人员通行区域的遮阳、遮风或挡雨措施结合，同时采取建立护栏、缓冲区、隔离带等安全措施，消除安全隐患。优先推荐利用绿化景观形成可降低坠物风险的缓冲区、隔离带。另外，根据国家标准《建筑设计防火规范》GB 50016－2014（2018年版）第5.5.7条的规定，高层建筑直通室外出入口上方，应设置出挑进深不小于1.0m的防护挑檐，宽度能覆盖建筑物出入口。

【评价方式】

1 预评价：查阅相关设计文件（含建筑、装修、幕墙、门窗、景观、结构等专业施工图等）。

2 竣工评价：查阅相关竣工图（或竣工验收报告）、材料有关检测报告，必要时现场核查。

3 运行评价：查阅相关竣工图（或竣工验收报告）、材料有关检测报告，并现场核实。

4.2.3 本条适用于各类民用建筑的预评价、竣工评价和运行评价。

第1款，参考现行国家标准《建筑用安全玻璃》GB 15763、现行行业标准《建筑玻璃应用技术规程》JGJ 113 的有关规定以及《建筑安全玻璃管理规定》(发改运行〔2003〕2116 号)对建筑用安全玻璃使用的建议,人体撞击建筑中的玻璃制品并受到伤害的主要原因是缺少足够的安全防护。为了尽量减少建筑用玻璃制品在受到冲击时对人体造成划伤、割伤等,在建筑中使用玻璃制品时需尽可能地采取下列措施:

1)选择安全玻璃制品时,充分考虑玻璃的种类、结构、厚度、尺寸,尤其是合理选择安全玻璃制品霰弹袋冲击试验的冲击历程和冲击高度级别等;

2)对关键场所的安全玻璃制品采取必要的其他防护;

3)关键场所的安全玻璃制品设置容易识别的标识。

本款所述包括分隔建筑室内外的玻璃门窗、幕墙、防护栏杆等采用安全玻璃,室内玻璃隔断、玻璃护栏等采用夹胶钢化玻璃,以防止自爆伤人。

第 2 款,生活中常见的自动门窗、推拉门、旋转门等夹人事故频频发生,尤其是对于缺乏自我保护能力的孩子来说更为危险。因此,对于人流量大、门窗开合频繁的位置,可采用可调力度的闭门器或具有缓冲功能的延时闭门器等措施,防止夹人伤人事故的发生。

【评价方式】

1　预评价:查阅相关设计文件(含建筑、装修、幕墙等专业施工图等)。

2　竣工评价:查阅相关竣工图(或竣工验收报告)、安全玻璃及幕墙等相关检测报告,必要时现场核查。

3　运行评价:查阅相关竣工图(或竣工验收报告)、安全玻璃及幕墙等相关检测报告,并现场核实。

4.2.4　本条适用于各类民用建筑的预评价、竣工评价和运行评价。

建筑防滑地面工程对于保证人身安全至关重要,尤其是幼儿园、医院、疗养院及养老建筑。光亮、光滑的室内地面，因雨雪天气造成的室外湿滑地面和浴室、厕所等湿滑地面极易导致伤害事故。按现行行业标准《建筑地面工程防滑技术规程》JGJ/T 331的规定，A_w、B_w、C_w、D_w 分别表示潮湿地面防滑安全程度为高级、中高级、中级、低级，A_d、B_d、C_d、D_d 分别表示干态地面防滑安全程度为高级、中高级、中级、低级。

【评价方式】

1 预评价：查阅相关设计文件（含建筑施工图等）中的防滑要求。

2 竣工评价：查阅相关竣工图（或竣工验收报告）、防滑材料有关检测报告，必要时现场核查。

3 运行评价：查阅相关竣工图（或竣工验收报告）、防滑材料有关检测报告，并现场核实。

4.2.5 本条适用于各类民用建筑的预评价、竣工评价和运行评价。

第1款，随着城镇汽车保有量大幅提升，交通压力与日俱增。建筑场地内的交通状况直接关系着使用者的人身安全。人车分流将行人和机动车分离开，互不干扰，可避免人车争路的情况，充分保障行人尤其是老人和儿童的安全。提供完善的人行道路网络，可鼓励公众步行，也是建立以行人为本的城市的先决条件。考虑到本市建设用地紧张，如将日常机动车道与其他道路（消防车道、应急救援车道、步行道路等）分隔，基地内设置人行道，达到日常使用时的人车分流，本条可得分。

第2款，步行和非机动车交通系统如果照明不足，往往会导致人们产生不安全感，特别是在空旷或比较空旷的公共区域。充足的照明可以消除不安全感，对降低犯罪率、防止发生交通事故、提高夜间行人的安全性有重要作用。

夜间行人的不安全感和实际存在的危险与道路等设施的照度水平和照明质量密切相关。步行和非机动车交通系统照明以路面平均照度、路面最小照度和垂直照度为评价指标，其照明标准值应不低于现行国家标准《建筑照明设计标准》GB 50034 和现行行业标准《城市道路照明设计标准》CJJ 45 的有关规定。

【评价方式】

1 预评价：查阅照明设计文件、人车分流专项设计文件。

2 竣工评价：查阅相关竣工图（或竣工验收报告），必要时现场核查。

3 运行评价：查阅相关竣工图（或竣工验收报告），并现场核实。

Ⅱ 耐 久

4.2.6 本条适用于各类民用建筑的预评价、竣工评价和运行评价。

本条旨在鼓励采取措施提升建筑适变性。建筑适变性包括建筑的适应性和可变性，适应性是指使用功能和空间的变化潜力，可变性是指结构和空间上的形态变化。除走廊、楼梯、电梯井、卫生间、厨房、设备机房、公共管井以外的室内地上空间，以及作为商业、办公用途的地下空间均可考虑采取提升建筑适变性的措施，有特殊隔声、防护及特殊工艺需求的空间可不考虑适变性设计。

第 1 款，对于住宅，可采取的具体措施包括考虑户内居室的可转换性及转换后的使用舒适性，如 2 居室可转换为 3 居室，3 居室可转换为 2 居室；结构布置时，墙、柱、梁的布置不影响居室转换且卧室中间不露梁、柱；结构计算时，提高楼面活荷载取值适应灵活隔墙。对于以办公建筑为代表的公共建筑，应考虑后期调整的便利性，内隔墙重点考虑选用玻璃隔断、家具隔断、成品可重复拆卸隔墙等，尽可能地采取灵活隔断设计。

第 2 款，现行行业标准《装配式住宅建筑设计标准》JGJ 398 规定，管线分离是指建筑结构体中不埋设设备及管线，将设备及管线与建筑结构体相分离的方式。建筑结构不仅仅指建筑主体结构,还包括外围护结构、楼梯间、公共管井等可保持长久不变的部分。本款中的管线指的是建筑主要管线,各类照明、插座、数据终端等强弱电末段除外。除了采用 SI 体系的装配式建筑可认定实现了建筑主体结构与建筑设备管线分离之外,其他可采用的技术措施包括:

1 墙体与管线分离,可采用轻质隔墙、双层贴面墙;双层贴面墙的墙内侧设装饰壁板,架空空间和装饰壁板用来安装铺设电气管线和安装开关、插座等;对外墙装饰空间可同时整合内保温工艺。

2 设公共管井,集中布置设备主管线;卫生间架空地面上设同层排水,设双层天棚等,可方便铺设设备管线。

3 室内地板下面采用次级结构支撑,或者卫生间设架空地面上设同层排水,或者室内设双层天棚等措施,方便设备管线的铺设。对公共建筑,也可直接在结构天棚下合理布置管线,采用明装方式。

第 3 款,指的是能够与第 1 款中建筑功能或空间变化相适应的设备设施布置方式或控制方式,既能够提升室内空间的弹性利用,也能够提高建筑使用时的灵活度。比如家具、电器与隔墙相结合,满足不同分隔空间的使用需求;或采用智能控制手段,实现设备设施的升降、移动、隐藏等功能,满足某一空间的多样化使用需求;还可以采用可拆分构件或模块化布置方式,实现同一构件在不同需求下的功能互换,或同一构件在不同空间的功能复制。以上所有变化,均不需要改造主体及围护结构。具体措施包括:

1 平面布置时,设备设施的布置及控制方式满足建筑空间适变后要求,无需大改造即可满足使用舒适性及安全要求;如层内或户内水、强弱电、采暖通风等竖井及分户计量控制箱位置的不改变即可满足建筑适变的要求。

2 设备空间模数化设计,设备设施模块化布置,便于拆卸、更换，互换等；包括整体厨卫、标准尺寸的电梯等。

3 对公共建筑，采用可移动、可组合的办公家具、隔断等，形成不同的办公空间，方便长短期的不同人群的移动办公需求。

采用集成的单元式设备，如设备带、设备末端集成，也可认定满足本款要求。

【评价方式】

1 预评价：查阅建筑适变性提升措施的专项设计说明及建筑、结构、设备及装修相关设计文件，重点审核灵活隔断具体方式和应用比例。

2 竣工评价：查阅建筑、结构、设备及装修竣工文件，以及建筑适变性提升措施的专项设计说明，必要时现场核查。

3 运行评价：查阅建筑、结构、设备及装修竣工文件，以及建筑适变性提升措施的专项设计说明，并现场核实专项设计说明中建筑适变性提升措施的具体应用效果，并现场查核实。

4.2.7 本条适用于各类民用建筑的预评价、竣工评价和运行评价。

第1款，主要是对管材、管线、管件提出耐腐蚀、抗老化、耐久性能好的要求。

室内给水系统应采用耐腐蚀、抗老化、耐久等综合性能好的不锈钢管、铜管、塑料管（应符合现行国家标准《建筑给水排水设计规范》GB 50015 对给水系统管材选用要求）等；电气系统应采用低烟低毒阻燃型线缆、矿物绝缘类不燃性电缆、耐火电缆等。室外设备、管道及支架走道等设施应采取防腐耐老化措施，所有采用的产品均应符合国家现行有关标准规范规定的参数要求。

第2款，主要指建筑的各种五金配件、管道阀门、开关、龙头等活动配件。倡导选用长寿命的优质产品，且构造上易于更换，同时还应考虑为维护、更换操作提供方便条件。门窗反复启闭性能达到相应产品标准要求的2倍，其检测方法需满足现行行业标准《建筑门窗反复启闭性能检测方法》JG/T 192 的要求；遮阳产品的机械耐久性达到相应产品标准要求的最高级，其检测方法需满足现行行业标准《建筑遮阳产品机械耐久性能试验方法》JG/T 241的要求；水嘴寿命需超出现行国家标准《陶瓷片密封水嘴》GB 18145 等相应产品标准寿命要求的 1.2 倍；阀门寿命需超出现行相应产品标准寿命要求的 1.5 倍。

【评价方式】

1 预评价：查阅建筑、给排水、电气、动力、装修等专业设计说明，部品部件的耐久性设计性能参数要求。

2 竣工评价：除查阅预评价涉及的竣工文件，还应查阅第三方进场部品部件性能参数检测报告、产品说明书及有效型式检验报告，复核对应性能参数要求，必要时现场核查。

3 运行评价：除查阅竣工评价文件外，还应查阅第三方进场部品部件性能参数检测报告、产品说明书及有效型式检验报告，复核对应性能参数要求，并现场核实。

4.2.8 本条适用于各类民用建筑的预评价、竣工评价和运行评价。

第 1 款，对于混凝土构件，按照现行国家标准《混凝土结构耐久性设计规范》GB/T 50476 要求，结合所处的环境类别、环境作用等级，按对应设计使用年限 100 年的相应要求（钢筋保护层、混凝土强度等级、最大水胶比等）进行混凝土结构设计和材料选用，可得分。对于钢构件、木构件，可采取比现行规范标准更严格的相应防护措施，如适当提高防护厚度、提高防护时间等，满足设计使用年限 100 年的要求，可得分。

第 2 款第 1 项，对于混凝土构件，提高耐久性的措施中增加钢筋保护层厚度最常用，但是，增加不同的钢筋保护层厚度，对耐久性的提高程度或造价的影响也不同。为便于量化评估，混凝土构件的保护层厚度满足现行国家标准《混凝土结构耐久性设计规范》GB/T 50476 中的对应设计使用年限 100 年的相应要求时，可得分。

第2款第1项，要求项目根据实际情况合理采用高耐久性混凝土。高耐久性混凝土指满足设计要求下，结合具体的应用环境，对抗渗性能、抗硫酸盐侵蚀性能、抗氯离子渗透性能、抗碳化性能及早期抗裂性能等耐久性指标提出合理要求的混凝土。混凝土构件采用高耐久性混凝土，其各项性能的检测与试验应按现行国家标准《普通混凝土长期性能和耐久性能试验方法标准》GB/T 50082的规定执行，测试结果应按现行行业标准《混凝土耐久性检验评定标准》JGJ/T 193的规定进行性能等级划分。对应性能等级按Ⅰ～Ⅴ等第划分时，满足Ⅲ级及以上可得分。

第2款第2项，对于钢构件，耐候结构钢是指符合现行国家标准《耐候结构钢》GB/T 4171要求的钢材；耐候型防腐涂料是指符合现行行业标准《建筑用钢结构防腐涂料》JG/T 224的Ⅱ型面漆和长效型底漆。

第2款第3项，对于木构件，其材质等级应符合现行国家标准《木结构设计标准》GB 50005的有关规定。根据现行国家标准《木结构设计标准》GB 50005的有关规定，所有在室外使用，或与土壤直接接触的木构件，应采用防腐木材。在不直接接触土壤的情况下，可采用其他耐久木材或耐久木制品。

对于采用多种类型构件的混合结构，应按不同类型构件进行具体的材料用量比例计算和评分，最终得分按照各种类型构件的材料质量进行加权平均计算，并按四舍五入法取整。

【评价方式】

1 预评价：查阅结构施工图、建筑施工图、结构计算文件等相关设计文件。

2 竣工评价：查阅结构竣工图、建筑竣工图、材料决算清单等，必要时现场核查。

3 运行评价：查阅材料决算清单等证明材料，并现场核实。

4.2.9 本条适用于各类民用建筑的预评价、竣工评价和运行评价。

第 1 款，本款涉及的外饰面材料包括采用水性氟涂料或耐候性相当的涂料，选用耐久性与建筑幕墙设计年限相匹配的饰面材料，合理采用清水混凝土等。采用水性氟涂料或耐候性相当的涂料，耐候性应符合行业标准《建筑用水性氟涂料》HG/T 4104—2009 中优等品的要求。采用清水混凝土可减少装饰装修材料用量，减轻建筑自重。因此，在本款中鼓励项目结合实际情况合理使用清水混凝土，既可用于建筑外立面，也可用于室内装饰装修。

第 2 款，主要涉及防水和密封材料，现行国家标准《绿色产品评价　防水与密封材料》GB/T 35609—2017 对于沥青基防水卷材、高分子防水卷材、防水涂料、密封胶的耐久性提出了拉伸性能保持率、拉伸强度保持率、低温弯折性等具体指标要求，可供参考。

第 3 款，主要涉及室内装饰装修材料，包括选用耐洗刷性≥5000次的内墙涂料，选用耐磨性好的陶瓷地砖（有釉砖耐磨性不低于 4 级，无釉砖磨坑体积不大于 127mm^3），采用免装饰面层的做法（如清水混凝土、免吊顶设计），采用保温装饰一体化做法等。地库墙裙及潮湿环境机房或走道饰面涂料也应选择防潮材料，其中墙裙部分有耐擦洗功能。

【评价方式】

1　预评价：查阅建筑和装修设计说明及材料表，必要时核查材料预算清单等相关说明文件。

2　竣工评价：查阅建筑和装修竣工文件、材料决算清单及材料采购文件、材料性能检测报告等证明材料等，必要时现场核查。

3　运行评价：查阅装修竣工文件、材料决算清单及材料采购文件、材料性能检测报告等证明材料等，并现场核实。对于已进行二次装修或更新改造的项目，还应查阅相关采购记录文件中的材料及对应的检测报告。

5 健康舒适

5.1 控制项

5.1.1 本条适用于各类民用建筑的预评价、竣工评价和运行评价。

对室内空气污染物浓度进行预评价时，全装修建筑项目可仅对室内空气中的甲醛、苯、总挥发性有机物3类进行浓度预评估。竣工评价时，室内空气污染物浓度符合现行国家标准《民用建筑工程室内环境污染控制规范》GB 50325的有关要求，视为达标。运行评价时，室内空气污染物浓度符合现行国家标准《室内空气质量标准》GB/T 18883的有关要求，视为达标。

项目在设计时即应采取措施，对室内污染物浓度进行预评估，预测工程建成后室内空气污染物的浓度情况，指导建筑材料的选用和优化。预评价时，应综合考虑建筑情况、室内装修设计方案、装修材料的种类及使用量、室内新风量、环境温度等诸多影响因素，以各种装修材料、家具制品主要污染物的释放特征（如释放速率）为基础，以"总量控制"为原则，依据装修设计方案，选择典型功能房间（卧室、客厅、办公室等）使用的主要建材及固定家具制品，对室内空气中甲醛、苯、总挥发性有机物的浓度水平进行预评估。其中，建材污染物释放特性参数及评估计算方法可参考现行行业标准《住宅建筑室内装修污染控制技术标准》JGJ/T 436和《公共建筑室内空气质量控制设计标准》JGJ/T 461的相关规定。

竣工评价时，应执行现行国家标准《民用建筑工程室内环境污染控制规范》GB 50325的相关规定。

运行评价时，应按照现行国家标准《室内空气质量标准》GB/T 18883室内空气指标要求，选取每栋单体建筑中具有代表性的典型房间进行采样检测，采样和检验方法应符合现行国家标准《室内空气质量标准》GB/T 18883的相关规定，采样的房间数量不少于房间总数的5%，且每个单体建筑不少于3间。

本条其次提出了室内和室外部分区域禁烟的具体要求。本市于2017年3月1日正式发布修订版的《上海市公共场所控制吸烟条例》，此条例对室内吸烟室的具体要求、室外吸烟点设置做出了更加严格和详细的说明。其中，第六条"室内公共场所、室内工作场所、公共交通工具内禁止吸烟"，明确了禁烟的区域范围；第七条"下列公共场所的室外区域禁止吸烟：（一）托儿所、幼儿园、中小学校、少年宫、青少年活动中心、教育培训机构以及儿童福利院等以未成年人为主要活动人群的公共场所；（二）妇幼保健院（所）、儿童医院；（三）体育场馆、演出场所的观众坐席和比赛、演出区域；（四）对社会开放的文物保护单位；（五）人群聚集的公共交通工具等候区域；（六）法律、法规、规章规定的其他公共场所"。

【评价方式】

1 预评价：查阅建筑设计文件、建筑及装修材料使用说明、禁止吸烟措施说明文件、污染物浓度预评估分析报告等。

2 竣工评价：查阅预评价方式涉及的竣工文件、建筑及装修材料使用说明、禁止吸烟措施说明文件、污染物浓度预评估分析报告和室内空气质量竣工验收检测报告，必要时现场核查。

3 运行评价：查阅室内空气质量检测报告、禁烟标识、禁止吸烟措施说明文件，并现场核实。

5.1.2 本条适用于各类民用建筑的预评价、竣工评价和运行评价。

厨房、餐厅、卫生间、打印复印室、地下车库等区域都是建筑室内的污染源空间，尤其应重视垃圾临时转存点、隔油池、污水井的异味隔离措施，如不进行合理设计，会导致污染物串通至其他空间，影响人的健康。因此，不仅要对这些污染源空间与其他空间之间进行合理隔断，还要采取合理的排风措施保证室内的梯级压差控制，避免污染物扩散。例如，将厨房和卫生间等污染源的房间设置于建筑单元（或户型）自然通风的负压侧，并保证一定的压差，防止污染源空间的气味和污染物进入室内而影响室内空气质量。同时，可以对不同功能房间保持一定压差，避免气味或污染物通到室内其他空间。如设置机械排风，应保证负压，还应注意其取风口和排风口的位置，避免短路或污染。当公共卫生事件发生后，集中空调和通风系统应能采取有效措施阻断病毒、细菌及其他污染物的传播途径，以及增强空调系统的空气过滤能力。

为防止厨房、卫生间的排气倒灌，厨房和卫生间设置竖向排风道时，应符合现行国家标准《住宅设计规范》GB 50096、《住宅建筑规范》GB 50368、《建筑设计防火规范》GB 50016、《民用建筑设计统一标准》GB 50352 等的规定。排气道的断面、形状、尺寸和内壁应有利于排烟（气）通畅，防止产生阻滞、涡流、串烟、漏气和倒灌等现象。其他措施还包括安装止回排气阀、防倒灌风帽等。

除此之外，电梯等人员使用频繁的封闭空间，应具备在公共卫生紧急状态下的应急通风能力。有条件时，可单独设置电梯空调系统以及杀菌装置。

【评价方式】

1 预评价：查阅污染源空间的通风设计说明及施工图、关键设备参数表等设计文件。

2 竣工评价：查阅预评价方式涉及的竣工文件以及相关产品性能检测报告或质量合格证书，必要时现场核查。

3 运行评价：查阅预评价方式涉及的竣工文件以及相关产品性能检测报告或质量合格证书，并现场查看相关措施的实施效果。

5.1.3 本条适用于各类民用建筑的预评价、竣工评价和运行评价。

本条文所指的直饮水包括管道直饮水和终端直饮水设备制备的直饮水，不包括桶装水。未设置储水设施的项目，在各类用水水质满足相应的水质标准规定的前提下本条第3款直接通过。

第1款，建筑生活饮用水用水点出水水质的常规指标应符合现行国家标准《生活饮用水卫生标准》GB 5749的规定。GB 5749对饮用水中与人群健康相关的各种因素（物理、化学和生物）作出了量值规定。

第2款，直饮水是以符合GB 5749水质标准的自来水或水源为原水，经再净化（深度处理）后供给用户直接饮用的高品质饮用水。直饮水系统分为集中供水的管道直饮水系统和分散供水的终端直饮水处理设备。管道直饮水系统供水水质应符合现行行业标准《饮用净水水质标准》CJ 94的要求，该标准规定了管道直饮水系统水质标准，主要包含感官性状、一般化学指标、毒理学指标和细菌学指标等项目。终端直饮水处理设备的出水水质标准可参考现行行业标准《饮用净水水质标准》CJ 94、《全自动连续微/超滤净水装置》HG/T 4111、《家用和类似用途反渗透净水机》QB/T 4144及由国家卫生和计划生育委员会颁布的《生活饮用水水质处理器卫生安全与功能评价规范　一般水质处理器》《生活饮用水水质处理器卫生安全与功能评价规范　反渗透处理装置》和《公用终端直饮水设备应用技术规程》T/CECS 468等现行饮用净水相关水质标准和设备标准。

集中生活热水系统供水水质应满足现行行业标准《生活热水水质标准》CJ/T 521的要求。

游泳池循环水处理系统水质应满足现行行业标准《游泳池水质标准》CJ 244的要求，该标准在游泳池原水和补水水质指标、水质检验等方面作出了规定。

采暖空调循环水系统水质应满足现行国家标准《采暖空调系统水质》GB/T 29044的要求，该标准规定了采暖空调系统的水质标准、水质检测频次及检测方法。

现行国家标准《民用建筑节水设计标准》GB 50555 规定，景观用水水源不得采用市政自来水和地下井水，可采用中水、雨水等非传统水源或地表水。景观水景分为非亲水性水景和亲水性水景，分别有对应的补水水质要求。非亲水性水景，如静止镜面水景、流水型平流壁等不产生漂粒、水雾的水景，水质达到现行国家标准《地表水环境质量标准》GB 3838 中规定的Ⅳ类标准的都可作为补充水。亲水性水景包括人体器官与手足有可能接触水体的水景以及会产生漂粒、水雾等会被吸入人体的动态水景，如冷雾喷、干泉、趣味喷泉（游乐喷泉或戏水喷泉）。亲水性水景的安全卫生非常重要，其补充水水质应符合现行国家标准《生活饮用水卫生标准》GB 5749 的要求。非传统水源供水系统水质，应根据不同用途的用水满足现行国家标准城市污水再生利用系列标准，如现行国家标准《城市污水再生利用　城市杂用水水质》GB/T 18920、《城市污水再生利用　绿地灌溉水质》GB/T 25499、《城市污水再生利用　景观环境用水水质》GB/T 18921 等的要求。设有中水系统的建筑，应建立公共卫生事件应急运行计划，根据疫情需要对中水原水调节池做疫病原检测，并设置中水水源替代模式。

第 3 款，生活饮用水储水设施包括饮用水供水系统储水设施、集中生活热水储水设施、储有生活用水的消防储水设施、冷却用水储水设施、游泳池及水景平衡水箱（池）等。水池、水箱等储水设施的设计与运行管理应符合现行国家标准《二次供水设施卫生规范》GB 17051 的要求。上海市政府 2014 年 5 月 1 日起施行的《上海市生活饮用水卫生监督管理办法》第十九条（水质检测与清洗、消毒要求）规定："二次供水设施管理单位应当至少每半年对二次供水设施中的储水设施（以下简称二次供水储水设施）清洗、消毒一次。"

第 4 款，根据《建筑给水排水设计标准》GB 50015－2019 的要求，水封装置是建筑排水管道系统中用以实现水封功能的装置，当构造内无存水弯的卫生器具或无水封的地漏，以及其他设备的排水口或排水沟的排水口与生活污水管道或其他可能产生有害气体的排水管道连接时，必须在排水口以下设存水弯，存水弯的水封深度不得小于 50mm。便器构造内自带水封，能够在保证污废水顺利排出的前提下，最大限度地防止排水系统中的有害气体逸入室内，避免室内环境受到污染，有效保护人体健康。便器构造内自带水封时，有效水封深度不得小于 50mm，且不能采用活动机械密封替代水封。

第 5 款，对非传统水源的管道和设备设置明确、清晰的永久标识，可最大限度地避免在施工、日常维护或维修时发生误接、误饮、误用的情况，为用户提供健康用水保障。目前建筑行业有关部门仅对管道标记的颜色进行了规定，尚未制定统一的民用建筑管道标识标准图集，标识设置可参考现行国家标准《工业管道的基本识别色、识别符号和安全标识》GB 7231、《建筑给水排水及采暖工程施工质量验收规范》GB 50242 中的相关要求，如：在管道上设色环标识，两个标识之间的最小距离不应大于 10m，所有管道的起点、终点、交叉点、转弯处、阀门和穿墙孔两侧等的管道上和其他需要标识的部位均应设置标识，标识由系统名称、流向组成等，设置的标识字体、大小、颜色应方便辨识，且应为永久性的标识，避免标识随时间褪色、剥落、损坏。

【评价方式】

1 预评价：查阅给水排水施工图设计说明，要求包含各类用水水质要求、水处理设备工艺设计、对卫生器具和地漏水封要求的说明；非传统水源管道和设备标识设置说明。

2 竣工评价：查阅预评价涉及的竣工文件，包含各类用水水质的要求、采用的自带水封便器的产品说明；项目各类用水调试完成后的水质检测报告，报告至少应包含水源（市政供水、自备井水等）、水处理设施出水及最不利用水点的全部常规指标；非传统水源管道和设备标识设置说明，必要时现场核查。

3　运行评价：参照竣工评价方式，还应查阅项目储水设施清洗消毒管理制度、储水设施清洗消毒工作记录，并查阅各类用水的定期水质检测报告，报告取样点至少应包含水源（市政供水、自备井水等）、水处理设施出水及最不利用水点，同时应现场查看非传统水源源管道和设备标识设置情况。

未设置条款所述所有用水系统的项目，对应条款不参评。

5.1.4　本条适用于各类民用建筑的预评价、竣工评价和运行评价。

本条所指的噪声控制对象包括室内自身声源和室外噪声。提高建筑构造的隔声降噪能力对使用者的健康是非常必要的，因此需采取有效措施控制人所处环境的噪声级，提高隔声性能，减少噪声对人体健康的影响。

第1款，影响建筑室内噪声级大小的噪声源主要包括两类：一类是室内自身声源，如室内的通风空调设备、日用电器等；另一类是来自室外的噪声源，包括建筑内部其他空间的噪声源（如电梯噪声、空调机组噪声等）和建筑外部的噪声源（如周边交通噪声，社会生活噪声，工业噪声，冷却水塔、风冷热泵空调机组、排油烟机、排风机等设备噪声）。对于建筑外部噪声源的控制，应首先在规划选址阶段就做综合考量，建筑设计时应进行合理的平面布局，避免或降低主要功能房间受到室外交通、活动区域等的干扰。否则，应通过提高围护结构隔声性能等方式改善。对建筑物内部的噪声源，应通过选用低噪声设备，设置有效隔声、隔振、吸声、消声等综合措施来控制。评价时，若现行国家标准《民用建筑隔声设计规范》GB 50118 中没有明确室内噪声级的低限要求，即对应该标准规定的室内噪声级的最低要求。

第2款，外墙、隔墙和门窗的隔声性能指空气声隔声性能；楼板的隔声性能除了空气声隔声性能之外，还包括撞击声隔声性能。本款所指的外墙、隔墙和门窗的隔声性能的低限要求，与现行国家标准《民用建筑隔声设计规范》GB 50118 中的低限要求规定对应，若该标准中没有明确围护结构隔声性能的低限要求，即对应该标准规定的隔声性能的最低要求。

【评价方式】

1 预评价：查阅相关设计文件、环评报告、噪声分析报告。

2 竣工评价：查阅预评价涉及的竣工文件、噪声分析报告、室内噪声级检测报告、构件隔声性能的实验室检测报告或现场检测报告，必要时现场核查。

3 运行评价：查阅预评价涉及的竣工文件、噪声分析报告、室内噪声级检测报告、构件隔声性能的实验室检测报告或现场检测报告。

5.1.5 本条适用于各类民用建筑的预评价、竣工评价和运行评价。

第1款主要是照明数量和质量。各类民用建筑中的室内照度、眩光值、一般显色指数等指标应符合现行国家标准《建筑照明设计标准》GB 50034 的规定，其中公共建筑包括图书馆、办公、商店、观演、旅馆、医疗、教育、博览、会展、交通、金融、体育等建筑，如该标准表 5.3.1～表 5.3.12 所示。在进行评价时，照明产品的颜色参数应符合标准对于光源颜色的规定；现场的照度、照度均匀度、显色指数、眩光等指标应符合该标准第5章的规定。

第2款主要是照明产品光生物安全。国家标准《灯和灯系统的光生物安全性》GB/T 20145－2006 根据光辐射对人的光生物损伤将灯具分为四类，其中人员长期停留场所的照明应选择安全组别为无危险类的产品。对于照明产品的光生物安全性的评价应在实验室条件下进行，具体以产品检测报告作为评价依据。

第3款主要是照明频闪。照明频闪的评价以产品实验室评价为主，具体需提供照明产品的频闪测试报告。照明频闪的限值执行国家标准《LED 室内照明应用技术要求》GB/T 31831－2015 的规定，其光输出波形的波动深度应符合表1的要求，波动深度按照式(1)计算。

表 1　波动深度要求

波动频率 f	波动深度 FPF 限值(%)
$f \leqslant 9\text{Hz}$	$FPF \leqslant 0.288$
$9\text{Hz} < f \leqslant 3125\text{Hz}$	$FPF \leqslant f \times 0.08/2.5$
$f > 3125\text{Hz}$	无限制

$$FPF = 100\% \times (A - B)/(A + B) \tag{1}$$

式中:A——在一个波动周期内光输出的最大值;

B——在一个波动周期内光输出的最小值。

【评价方式】

1　预评价:查阅建筑照明设计文件、照明计算书。

2　竣工评价:查阅预评价方式涉及的竣工文件,以及照明计算书、现场检测报告、产品说明书及产品检测报告(包括灯具光度、色度、光生物安全及频闪等指标),必要时现场核查。

3　运行评价:参照竣工评价文件,并现场核实。

5.1.6　本条适用于各类民用建筑的预评价、竣工评价和运行评价。

建筑应满足室内热环境舒适度的要求。采用集中供暖空调系统的建筑,其房间的温度、湿度、新风量等是室内热环境的重要指标,应满足现行国家标准《民用建筑供暖通风与空气调节设计规范》GB 50736 中的有关规定。对于非集中供暖空调系统的建筑,应有保障室内热环境的措施或预留条件,如分体空调安装条件等。

【评价方式】

1　预评价:查阅暖通空调专业设计说明、暖通设计计算书等设计文件。

2　竣工评价:查阅暖通竣工文件、典型房间空调使用期间室内温湿度检测报告和二氧化碳浓度检测报告,必要时现场核查。

3　运行评价:参照竣工评价相关文件,并现场核实。

5.1.7 本条适用于各类民用建筑的预评价、竣工评价和运行评价。

民用建筑的热工设计与地区气候相适应，保证室内基本的热环境要求。建筑热工设计主要包括建筑物及其围护结构的保温、防热和防潮设计。

第1款，房间内表面应避免长期结露、冷凝产生霉菌或滋生各类致病菌。无论是非透明围护结构还是透明围护结构（门窗、幕墙）内表面，以及热桥部分的内表面均应满足现行国家标准《民用建筑热工设计规范》GB 50176和现行行业标准《建筑门窗玻璃幕墙热工计算规程》JGJ/T 151的要求，并进行防结露验算。

第2款，屋顶和外墙的隔热性能，对于建筑在夏季时室内热舒适度的改善以及空调负荷的降低，具有重要意义。屋顶和外墙的热工性能不仅要满足国家现行建筑节能标准的要求，也要满足现行国家标准《民用建筑热工设计规范》GB 50176的要求，并进行隔热性能验算。

【评价方式】

1 预评价：查阅建筑围护结构防结露验算报告、隔热性能验算报告等相关设计文件。

2 竣工评价：查阅预评价涉及的相关竣工文件，检查建筑构造与计算报告一致性，必要时现场核查。

3 运行评价：参照竣工评价相关文件，同时现场查看实施情况。

5.1.8 本条适用于各类民用建筑的预评价、竣工评价和运行评价。

本条强调用户个体对室内热舒适的调控性。采用个性化热环境调节装置可以满足不同人员对热舒适的差异化需求，从而最大限度地改善个体热舒适性，提高室内人员对室内热环境的满意率。对于采用集中供暖空调系统的建筑，应根据房间、区域的功能和所采用的系统形式，合理设置可现场独立调节的热环境调节装置。对于未采用集中供暖空调系统的建筑,应合理设计建筑热环境营造方案,具备满足个性化热舒适需求的可独立控制的热环境调节装置或功能。

【评价方式】

1 预评价:查阅暖通空调设计文件,应注明主要功能房间的末端形式,并对末端形式和主要功能房间的调节方式做详细说明。

2 竣工评价:查阅暖通空调竣工文件、产品说明书和合格证书,必要时现场核查。

3 运行评价:查阅暖通空调竣工文件,并现场核实项目的热环境调节装置设置情况。

5.1.9 本条适用于各类民用建筑的预评价、竣工评价和运行评价。地库为半开敞或开敞空间,以及未设置地下车库的项目,本条不参评。

地下车库设置与排风设备联动的一氧化碳检测装置,超过一定的量值时即报警并启动排风系统。可以根据地库建筑面积大小,每 300m^2 至 500m^2 设置 1 个一氧化碳传感器。一氧化碳浓度参考国家标准《工作场所有害因素职业接触限值　第 1 部分:化学有害因素》GBZ 2.1—2007 对非高原地区工作场所空气中的一氧化碳职业接触限制规定,时间加权平均容许浓度不高于 20mg/m^3,短时间接触容许浓度不高于 30mg/m^3。由于一氧化碳传感器主要反映地下室某区域的平均一氧化碳浓度,因此安装位置不应位于汽车尾气排放位置,同时也要避开送排风机附近气流直吹位置。

【评价方式】

1 预评价:查阅暖通空调、智能化等专业设计说明及施工图等设计文件。

2 竣工评价:查阅暖通空调、智能化竣工文件,必要时现场核查。

3 运行评价:查阅暖通空调、智能化竣工文件以及物业管理机构提供的运行记录等,并现场核实。

5.2 评分项

Ⅰ 室内空气品质

5.2.1 本条适用于各类民用建筑的预评价、竣工评价和运行评价。

本条第1款预评价时,可仅对室内空气中的甲醛、苯、总挥发性有机物3类进行浓度预评估。

第1款,在本标准第5.1.1条基础上对室内空气污染物的浓度提出了更高的要求,具体可见本标准第5.1.1条内容。

第2款,对颗粒污染物浓度限值进行了规定。不同建筑类型室内颗粒物控制的共性措施为:①增强建筑围护结构气密性能,降低室外颗粒物向室内的穿透。②对于厨房等颗粒物散发源空间设置可关闭的门。③对具有集中通风空调系统的建筑,应对通风系统及空气净化装置进行合理设计和选型,并使室内具有一定的正压;对于无集中通风空调的建筑,可采用空气净化器或户式新风系统控制室内颗粒物浓度。

预评价时,全装修项目可通过建筑设计因素(门窗渗透风量、新风量、净化设备效率、室内源等)及室外颗粒物水平(建筑所在地近1年环境大气监测数据),对建筑内部颗粒物浓度进行估算,预评价的计算方法可参考现行行业标准《公共建筑室内空气质量控制设计标准》JGJ/T 461中室内空气质量设计计算的相关规定。竣工评价时,建筑内应具有颗粒物浓度监测传感设备。运行评价时,系统应至少每小时对建筑内颗粒物浓度进行1次记录、存储,连续监测1年后取算术平均值,并出具报告。对于住宅建筑,应对每种户型主要功能房间进行全年监测;对于公共建筑,应每层选取1个主要功能房间进行全年监测;对于尚未投入使用或投入使用未满1年的项目，应对室内 $PM_{2.5}$ 和 PM_{10} 的年平均浓度进行预评估。

【评价方式】

1 预评价：查阅建筑设计文件、建筑及装修材料使用说明、污染物浓度预评估分析报告和室内颗粒物浓度计算报告。

2 竣工评价：查阅预评价方式涉及的竣工文件、建筑及装修材料使用说明、污染物浓度预评估分析报告和室内空气质量验收检测报告、室内颗粒物浓度计算报告，必要时现场核查。

3 运行评价：查阅室内空气质量现场检测报告、污染物浓度和室内颗粒物浓度采集记录，并现场核实。

5.2.2 本条适用于各类民用建筑的预评价、竣工评价和运行评价。

从源头把控，选用绿色、环保、安全的室内装饰装修材料是保障室内空气质量的基本手段。为提升家装消费品质量，满足人民日益增长的对健康生活的追求，有关部门于2017年先后发布了包括内墙涂覆材料、木器漆、地坪涂料、壁纸、陶瓷砖、卫生陶瓷、人造板和木质地板、防水涂料、密封胶、家具等产品在内的绿色产品评价系列国家标准：《绿色产品评价　人造板和木质地板》GB/T 35601－2017、《绿色产品评价　涂料》GB/T 35602－2017、《绿色产品评价　卫生陶瓷》GB/T 35603－2017、《绿色产品评价　建筑玻璃》GB/T 35604－2017、《绿色产品评价　太阳能热水系统》GB/T 35606－2017、《绿色产品评价　家具》GB/T 35607－2017、《绿色产品评价　绝热材料》GB/T 35608－2017、《绿色产品评价　防水与密封材料》GB/T 35609－2017、《绿色产品评价　陶瓷砖（板）》GB/T 35610－2017、《绿色产品评价　纺织产品》GB/T 35611－2017、《绿色产品评价　木塑制品》GB/T 35612－2017、《绿色产品评价　纸和纸制品》GB/T 35613－2017等，对产品中有害物质种类及限量均进行了严格、明确的规定。

【评价方式】

1 预评价：查阅建筑及相关专项设计文件中对绿色产品选用的说明。

2 竣工评价：查阅建筑竣工文件、工程决算材料清单中涉及的相关产品使用情况（种类、用量）和产品检验报告，必要时现场核查。

3 运行评价：查阅建筑竣工文件、工程决算材料清单中涉及的相关产品使用情况（种类、用量）和产品检验报告，并现场核实。

Ⅱ 水质

5.2.3 本条适用于各类民用建筑的预评价、竣工评价和运行评价。

如项目未设置生活饮用水储水设施，本条可直接得分。

现行国家标准《二次供水设施卫生规范》GB 17051 和现行行业标准《二次供水工程技术规程》CJJ 140 规定了建筑二次供水设施的卫生要求和水质检测方法，建筑二次供水设施的设计、生产、加工、施工、使用和管理均应符合上述规范要求。使用符合现行国家标准《二次供水设施卫生规范》GB 17051 和现行行业标准《二次供水工程技术规程》CJJ 140 要求的成品水箱，能够有效避免现场加工过程中的污染问题，且在安全生产、品质控制、减少误差等方面均较现场加工更有优势。

【评价方式】

1 预评价：查阅包含生活饮用水储水设施设置情况的给水排水施工图设计说明、生活饮用水储水设施详图、设备材料表等设计文件。

2 竣工评价：查阅给排水竣工文件、生活饮用水储水设施设备材料采购清单或进场记录、成品水箱产品说明书，必要时现场核查。

3 运行评价：查阅给排水竣工文件、生活饮用水储水设施设备材料采购清单或进场记录、成品水箱产品说明书,并现场核实。

5.2.4 本条适用于各类民用建筑的预评价、竣工评价和运行评价。

如项目未设置生活饮用水储水设施,本条可直接得分。

常用的避免储水变质的主要技术措施包括储水设施分格、保证设施内水流通畅、检查口(人孔)加锁、溢流管及通气管口采取防止生物进入的措施等,且水池、水箱应设置消毒装置。

根据现行国家标准《建筑给水排水设计标准》GB 50015,生活饮用水水池(箱)内的储水48h内不能得到更新时,应设置水消毒处理装置。

现行行业标准《二次供水工程技术规程》CJJ 140中明确规定,二次供水设施的水池(箱)应设置消毒装置,水箱消毒应选用具有持续消毒作用的工艺,可选用如次氯酸钠发生器、二氧化氯发生器和紫外线发生器等。

【评价方式】

1 预评价:查阅包含生活饮用水储水设施设置情况的给水排水施工图设计说明、生活饮用水储水设施详图、设备材料表等设计文件。

2 竣工评价:查阅给排水竣工文件,重点审核二次供水储水设施设备保证水质的措施的落实情况,必要时现场核查。

3 运行评价:查阅给排水竣工文件、运行记录,并现场核实。

5.2.5 本条适用于各类民用建筑的预评价、竣工评价和运行评价。

目前建筑行业有关部门仅对管道标记的颜色进行了规定,尚未制定统一的民用建筑管道标识标准图集。建筑内给水排水管道及设备的标识设置可参考现行国家标准《工业管道的基本识别色、识别符号和安全标识》GB 7231、《建筑给水排水及采暖工程施工质量验收规范》GB 50242中的相关要求,如:在管道上设色环标识,两个标识之间的最小距离不应大于10m,所有管道的起点、终点、交叉点、转弯处、阀门和穿墙孔两侧等的管道上和其他需要标识的部位均应设置标识，标识由系统名称、流向组成等，设置的标识字体、大小、颜色应方便辨识，且标识的材质应符合耐久性要求，避免标识随时间褪色、剥落、损坏。

【评价方式】

1 预评价：查阅给排水施工图设计说明，说明中要求包含给水排水各类管道、设备、设施标识的设置说明。

2 竣工评价：查阅给排水竣工文件，重点审核给水排水各类管道、设备、设施标识的落实情况，必要时现场核查。

3 运行评价：查阅给排水竣工文件，并现场核实给水排水各类管道、设备、设施标识的落实情况。

Ⅲ 声环境与光环境

5.2.6 本条适用于各类民用建筑的预评价、竣工评价和运行评价。

第1款对建筑室内噪声级提出了要求。为了保证房间不受外界噪声（如交通噪声、工业噪声、社会生活噪声等）的干扰，应对室外与房间之间的空气声隔声性能提出性能要求。同时，为了保证房间不受周围产生噪声房间的干扰，首先应保证噪声敏感房间不与产生噪声房间毗邻布置；否则，应提高噪声敏感房间与产生噪声房间之间的空气声隔声性能。空气声隔声性能需要考核同层相邻房间的隔声性能和楼上楼下相邻房间的隔声性能。运行期间，应特别关注空间布局调整后对于噪声的控制，如办公层走道纳入租户区域后，可能出现的通风管道内噪声传递情况，以及分户隔墙在吊顶回风模式下的噪声控制。可考虑增加租户空间复核，如有调整需要对噪声影响做二次评估。

对于公共建筑，本条文的高得分值参考了现行国家标准《民用建筑隔声设计规范》GB 50118 等相关标准对类似房间的高标准要求，低得分值参考高要求标准限值和低限标准限值的平均值。对于标准中只规定了单一空气声隔声性能的建筑，本条认定该允许噪声级为低限标准限值，而高要求标准限值则在此基础上降低 5dB。

对于现行国家标准《民用建筑隔声设计规范》GB 50118 没有涉及的类型建筑的围护结构构件隔声性能，可对照相似类型建筑的要求评价。

第 2 款设立的目的是防止建筑设备设施运行时产生的剧烈振动，引起建筑内的地板、墙体振动，并随建筑结构传播产生噪声。这类噪声通常为人主观感受更敏感的低频窄带噪声。本条涉及建筑物内的电梯主机、水泵、冷却塔、空压机、大型风机等建筑服务设备。对于主体建筑物内无上述建筑服务设备的，本款可直接得分。

【评价方式】

1 预评价：查阅机电与建筑设计图纸、设备振动控制方案、噪声分析报告。

2 竣工评价：查阅机电与建筑竣工资料、室内噪声检测报告、设备隔振方案，必要时现场核查。

3 运行评价：查阅机电与建筑竣工资料、室内噪声检测报告、设备隔振方案并现场查看相关措施的落实情况。

5.2.7 本条适用于各类民用建筑的预评价、竣工评价和运行评价。

为了保证房间不受外界噪声的干扰，应对室外与房间之间的空气声隔声性能提出性能要求。空气声隔声性能还需要考核同层相邻房间的隔声性能和楼上楼下相邻房间的隔声性能。

规定房间的顶部楼板的撞击声隔声性能，主要是为了控制房间外免受上部楼层敲击地面或设备振动对楼下产生的噪声干扰。由于敲击楼板或设备振动引起的噪声主要通过结构传播，其传播机理不同于空气声，因此其检测与评价方法、治理和预防措施均不同于空气声隔声。为了减少撞击声的影响，可采取铺设弹性面层、浮筑楼板构造等措施改善上层房间楼板的撞击声隔声性能。

现行国家标准《民用建筑隔声设计规范》GB 50118 将建筑类型分为住宅、办公、商业、旅馆、医院等，目前标准正在局部修订，拟针对住宅将增加室外与卧室之间空气声隔声性能的指标要求。对于住宅，在《民用建筑隔声设计规范》GB 50118－2010 局部修订尚未实施之前，二星级绿色建筑的室外与卧室之间的空气声隔声性能需满足（$D_{nT,w}+C_{tr}$）≥35dB，三星级绿色建筑的室外与卧室之间的空气声隔声性能需满足（$D_{nT,w}+C_{tr}$）≥40dB，其余指标按现行国家标准《民用建筑隔声设计规范》GB 50118 的有关规定进行评价。在《民用建筑隔声设计规范》GB 50118－2010 局部修订完成且实施之后，本条应按照修订后的住宅建筑室外与卧室之间、分户墙或分户楼板两侧卧室之间的空气声隔声性能，以及卧室楼板的撞击声隔声性能的相关要求进行评价。关于室外与卧室之间的空气声隔声性能，预评价时通过外窗和外墙的隔声性能，按组合隔声量的理论进行预测，并提供分析报告；竣工和运行评价时，应提供室外与卧室之间空气声隔声性能检测报告。

《民用建筑隔声设计规范》GB 50118 中，墙体、门窗、楼板的空气声隔声性能以及楼板的撞击声隔声性能通常分“低限标准”和“高要求标准”两档列出。对于标准中只规定了单一空气声隔声性能的建筑，本条认定该构件对应的空气声隔声性能数值为低限标准限值，而高要求标准限值则在此基础上提高 5dB。

此外，现行上海市工程建设规范《住宅设计标准》DGJ 08－20 对住宅建筑的楼板撞击声提出了更严格的要求。本条认定上海市工程建设规范《住宅设计标准》DGJ 08－20－2019 中“6.1 声环境”要求为住宅建筑的“低限标准”，“高标准要求”在其基础上降低 5dB。旅馆、病房等同样具有睡眠功能的建筑类型，参照住宅建筑的要求执行。

对于现行国家标准《民用建筑隔声设计规范》GB 50118 没有涉及的类型建筑的围护结构构件隔声性能，可对照相似类型建筑的要求进行评价。

对于体育建筑、观演建筑，在声学上有特殊的要求。这类建筑不仅对隔声有着要求，对于室内音质更有着较高的要求。良好的室内声环境会大大提升该类场馆的使用效果。考虑到目前尚无强制性国家标准，而国内外研究资料中涉及的标准差异较大，本标准使用国内相关标准作为参考进行评价。有声学专项设计的，应按声学专项设计指标进行评价。

【评价方式】

1 预评价：查阅建筑设计文件、主要构件隔声性能的实验室检测报告或隔声性能计算报告。

2 竣工评价：查阅建筑竣工资料、隔声构件性能的实验室检测报告、构件空气声和撞击声隔声性能的现场检测报告，必要时现场核查。

3 运行评价：参照建筑竣工资料，并现场核实。

5.2.8 本条适用于各类民用建筑的预评价、竣工评价和运行评价。

天然采光不仅有利于照明节能，而且有利于增加室内外的自然信息交流，改善空间卫生环境，调节空间使用者的心情。本条对住宅建筑和公共建筑达到采光照度要求的采光区域和采光时间提出了要求，以便更为全面地评价室内采光质量。对于大进深、地下空间，宜优先通过合理的建筑设计（如半地下室、天窗等方式）改善天然采光条件，且尽可能地避免出现无窗空间。对于无法避免的情况，鼓励通过导光管、棱镜玻璃等合理措施充分利用天然光，促进人们的舒适健康，但此时应对无法避免因素进行解释说明。

第1款和第2款针对住宅建筑和公共建筑分别提出评价要求。

第1款，依据上海市实际情况，以窗地比作为住宅建筑的评价指标。对于室外遮挡较为严重、采光部分透射比较低或设置有阳台等情况下，应结合实际情况进行采光模拟计算。

第2款，基于现行国家标准《建筑采光设计标准》GB 50033的相关规定，本条对采光达标面积比例作出了得分规定。采光模拟应符合现行行业标准《民用建筑绿色性能计算标准》JGJ/T 449的相关规定。在采光相关指标的计算过程中，相关参数应设定为：地面反射比0.3，墙面0.6，外表面0.5，顶棚0.75。外窗的透射比应根据设计图纸确定。如果设计图纸中涉及的相关参数有所不同，需提供材料检测报告。

对于内区采光系数，应分别计算内区每个主要功能房间的采光系数达标情况后统计建筑的整体达标面积比。可采用中庭、导光板、棱镜玻璃等方式改善内区采光系数，计算内区采光系数改善程度时，应分别计算采用措施前、后的内区采光系数平均值并计算改善程度。

第3款，过度阳光进入室内会造成强烈的明暗对比，影响室内人员的视觉舒适度。因此，在充分利用天然光资源的同时，还应采取必要的措施控制不舒适眩光，如作业区域减少或避免阳光直射、采用室内外遮挡设施等，并应符合现行国家标准《建筑采光设计标准》GB 50033中控制不舒适眩光的相关规定。

在进行窗地比校核计算和采光系数模拟计算时，应考虑上海市所处光气候区的修正系数 $K=1.1$。采用光导管采光时，应考虑光导管有效受光面积比。

【评价方式】

1 预评价：查阅相关建筑平面图、立面图、门窗表及窗地比计算书、采光模拟分析报告等。

2 竣工评价：查阅建筑竣工资料、采光检测报告，必要时现场核查。

3 运行评价：查阅建筑竣工资料、采光检测报告，并现场核实。

Ⅳ 室内热湿环境

5.2.9 本条适用于各类民用建筑的预评价、竣工评价和运行评价。

第1款，对于采用自然通风或复合通风的建筑，以建筑物内主要功能房间或区域为对象，以全年建筑运行时间为评价范围，按主要功能房间或区域的面积加权计算满足舒适性热舒适区间的时间百分比进行评分。建筑主要功能房间室内热环境参数在适应性热舒适区域的时间比例，是指主要功能房间室内温度达到适应性舒适温度区间的小时数占建筑全年运行小时数的比例。适应性热舒适温度区间可根据室外月平均温度进行计算。当室内平均气流速度 $v_a \leqslant 0.3m/s$ 时，舒适温度为图1中的阴影区间。当室内温度高于25℃时，允许采用提高气流速度的方式来补偿室内温度的上升（如采用吊扇或工位风扇等方式），即室内舒适温度上限可进一步提高，提高幅度如表2所示。若项目设有风扇等个性化送风装置，室内气流平均速度采用个性化送风装置设计风速进行计算；若没有个性化送风装置，室内气流平均速度采用0.3m/s以下进行分析计算。

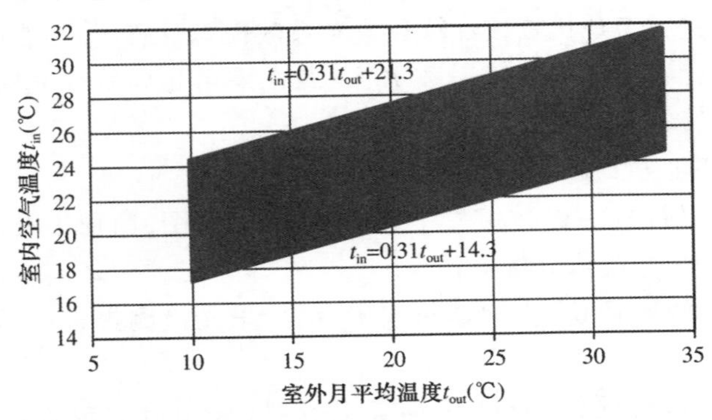

图1 自然通风或复合通风建筑室内舒适温度范围

表 2　室内平均气流速度对应的室内舒适温度上限值提高幅度

室内气流平均速度 v_a(m/s)	0.3<v_a≤0.6	0.6<v_a≤0.9	0.9<v_a≤1.2
舒适温度上限提高幅度 Δt(℃)	1.2	1.8	2.2

第 2 款，人工冷热源热湿环境整体评价指标应包括预计平均热感觉指标(PMV)和预计不满意者的百分数(PPD)，PMV-PPD 的计算程序应按国家标准《民用建筑室内热湿环境评价标准》GB/T 50785—2012 附录 E 的规定执行。本款以建筑物内主要功能房间或区域为对象，以达标面积比例为评价依据。

对于同时存在自然通风、复合通风和人工冷源的建筑，应分别计算不同功能房间室内热环境对应第 1、2 款的达标情况，按面积加权进行评分。

为了明确模拟的边界条件，避免进行 PMV 验算时的随意性，应在模拟时根据表 3 中的数据确定服装热阻。

表 3　进行 PMV 验算时的服装热阻取值

工况	建筑类型	服装热阻取值(单位:clo)
供暖工况	采用空气调节装置进行供暖的建筑	1.4～1.5
	采用集中供暖的建筑或 采用户式地板采暖的住宅建筑	≤1.0
	养老建筑	1.5～2.0
空调工况	设计空调的建筑	0.4～0.5
其他	参照现行国家标准《民用建筑室内热湿环境评价标准》GB/T 50785 中附录 C	

【评价方式】

1　预评价：查阅建筑各层平面图、门窗表、暖通设计图纸，以及热舒适模拟分析报告。

2　竣工评价：查阅建筑、暖通的相关竣工资料和热舒适模拟分析报告，必要时现场核查。

3　运行评价：查阅建筑、暖通的相关竣工资料和热舒适模拟分析报告，并现场核实。

5.2.10 本条适用于各类民用建筑的预评价、竣工评价和运行评价。

良好的自然通风设计可以有效改善室内热湿环境和空气品质，提高人体舒适性。已有研究表明，在自然通风条件下，人们感觉热舒适和可接受的环境温度要远比空调采暖室内环境设计标准限定的热舒适温度范围来得宽泛。因此，当室外温湿度适宜时，良好的通风效果还能够减少空调的使用。

第1款主要通过通风开口面积与房间地板面积的比值进行简化判断。对于住宅建筑而言，一旦形成“穿堂风”，通风的除污排热效果就会显著提升。因此，良好的通风路径户型是指具有南北、东西或其他的对向贯通的通风口的户型；或者通过CFD计算，有效利用了过渡季节第1、2主导风向下建筑正压和负压区的户型。

第2款主要针公共建筑，对于部分大建筑体量的建筑，例如大进深、由于安全等原因无法保证开窗通风满足自然通风要求的建筑，应采用通风器、通风吊顶、双层皮幕墙等方式进行通风优化设计或创新设计，保证建筑在过渡季典型工况下平均自然通风换气次数大于2次/h。

【评价方式】

1 预评价：查阅建筑各层平面图、门窗表、自然通风模拟分析报告。

2 竣工评价：查阅建筑竣工资料、自然通风模拟分析报告，必要时现场核查。

3 运行评价：查阅竣工评价相关资料，并现场核实。

5.2.11 本条适用于各类民用建筑的预评价、竣工评价和运行评价。

本条所述的可调节遮阳设施包括活动外遮阳设施（含电致变色玻璃）、中置可调遮阳设施（中空玻璃夹层可调内遮阳）、有效的固定外遮阳(含建筑自遮阳)加内部高反射率(全波段太阳辐射反射率大于0.50)可调节遮阳设施、可调内遮阳设施等。

遮阳设施的面积占外窗透明部分比例 S_z 按下式计算:

$$S_z = S_{z0} \cdot \eta \tag{2}$$

式中:η——遮阳方式修正系数。对于活动外遮阳设施,η 为1.2;对于中置可调遮阳设施,η 为1;对于固定外遮阳加内部高反射率可调节遮阳设施,η 为0.8;对于可调内遮阳设施,η 为0.6。

S_{z0}——遮阳设施应用面积比例。活动外遮阳、中置可调遮阳和可调内遮阳设施,可直接取其应用外窗的比例,即装置遮阳设施外窗面积占所有外窗面积的比例;对于固定外遮阳加内部高反射率可调节遮阳设施,按大暑日9:00—17:00之间各整点时刻的有效遮阳面积比例平均值进行计算,即该期间各整点时刻遮阳构件在所有外窗的投影面积占所有外窗面积比例的平均值。

对于北偏东60°至北偏西60°范围内的透明围护结构,不计入遮阳面积比例的计算。

【评价方式】

1 预评价:查阅各层建筑平面图、遮阳节点设计资料、建筑立面图、装修设计文件有关内遮阳设计的资料、产品说明书、遮阳有效性计算书。

2 竣工评价:查阅建筑、装修相关竣工资料以及实际采购产品的说明书,必要时现场核查。

3 运行评价:查阅建筑、装修相关竣工资料以及实际采购产品的说明书,并现场核实可调遮阳运行情况。

6　生活便利

6.1　控制项

6.1.1　本条适用于各类民用建筑的预评价、竣工评价和运行评价。

为老年人、行动不便者提供活动场地及相应的服务设施和方便、安全的无障碍的出行环境，营造全龄友好的生活居住环境是城市建设不容忽略的重要问题。尤其对于上海地区，更应体现人文关怀。

场地内各主要游憩场所、建筑出入口、服务设施及城市道路之间要形成连贯的无障碍步行路线。同时，建筑的道路、绿地、停车位、出入口、门厅、走廊、楼梯、电梯、厕所等建筑室内外公共区域均应方便老年人、行动不便者及儿童等人群的通行和使用，应按照现行国家标准《无障碍设计规范》GB 50763 和现行上海市工程建设规范《无障碍设施设计标准》DGJ 08－103 的规定配置无障碍设施，并尽可能实现场内的城市街道、室外活动场所、停车场所、各类建筑出入口和公共交通站点之间步行系统的无障碍联通。无障碍系统应保持连续性，如建筑场地的无障碍步行道应连续铺设，不同材质的无障碍步行道交接处应避免产生高差，所有存在高差的地方均应设置坡道，并应与建筑场地外无障碍系统连贯连接。住宅建筑内的电梯不应平层错位。建筑室内有高差的地方，也应设置坡道方便轮椅上下。

【评价方式】

1　预评价：查阅建筑专业的设计说明、总平面图、建筑出入口及其他室内公共区域平面图、无障碍设计详图、电梯详图、场地竖向设计施工图（应体现建筑主要出入口、人行通道、室外活动场地等部位的无障碍设计内容）、室外景观园林平面施工图（包含场地人行通道、室外绿化小径和活动场地的无障碍设计）等设计文件。

2 竣工评价：查阅建筑专业的设计说明、总平面图、建筑出入口及其他室内公共区域平面图、无障碍设计详图、电梯详图、场地竖向设计施工图（应体现建筑主要出入口、人行通道、室外活动场地等部位的无障碍设计内容）、室外景观园林平面竣工图（包含场地人行通道、室外绿化小径和活动场地的无障碍设计）等设计文件，还可查阅无障碍设计重点部位的实景影像资料，必要时现场核查。

3 运行评价：查阅建筑专业的设计说明、总平面图、建筑出入口及其他室内公共区域平面图、无障碍设计详图、电梯详图、场地竖向设计施工图（应体现建筑主要出入口、人行通道、室外活动场地等部位的无障碍设计内容）、室外景观园林平面施工图（包含场地人行通道、室外绿化小径和活动场地的无障碍设计）等竣工文件，还应现场核实无障碍设计重点部位。

6.1.2 本条适用于各类民用建筑的预评价、竣工评价和运行评价。

绿色建筑应首先满足使用者绿色出行的基本要求。根据《2019年第一季度中国主要城市交通分析报告》，上海公交线网覆盖率非常高，全市范围内"500米内就有公交站点轨道交通站"的覆盖率达到87%。《上海市综合交通十三五规划》要求中心城公交站点500m半径全覆盖。在项目规划布局时，应充分考虑场地步行出入口与公共交通站点的有机联系，创造便捷的公共交通使用条件，此处500m指的是步行距离。当有些项目确因地处新建区域暂时无法提供公共交通服务时，应配备专用接驳车联接公共交通站点，以方便建筑使用者利用公交出行。制定了专用接驳车服务实施方案并向社会或相关受众公示、能够提供定时定点接驳服务的建设项目，视为本条达标。

【评价方式】

1 预评价：查阅建设项目规划设计总平面图、场地周边公共交通设施布局示意图等规划设计文件，重点审核场地到达公交站点的步行线路、场地出入口到达公交站点的距离；查阅提供专用接驳车服务的实施方案（如必要）。

2 竣工评价：查阅建设项目场地出入口与公交站点的实际距离等相关证明材料；还应查阅提供专用接驳车服务的实施方案（如必要）。

3 运行评价：查阅建设项目场地出入口与公交站点的实际距离等相关证明材料；还应查阅提供专用接驳车服务的实施方案（如必要），并现场核实。

6.1.3 本条适用于各类民用建筑的预评价、竣工评价和运行评价。

2012年，上海市发布了《电动汽车充电基础设施建设技术规范》DG/TJ 08－2093－2012；2015年，发布了《上海市电动汽车充电设施建设管理暂行规定》；2016年，市交通委又联合上海各委办发布了《市交通委等关于进一步加强本市电动汽车充电基础设施规划建设运营管理的通知》，对《上海市电动汽车充电设施建设管理暂行规定》进行了补充。

《上海市电动汽车充电设施建设管理暂行规定》规定，新建住宅小区、交通枢纽、超市卖场、商务楼宇，党政机关、事业单位办公场所，园区、学校以及独立用地的公共停车场、停车换乘（P＋R）停车场应按照不低于总停车位10％的比例预留充电设施安装条件（包括电力管线预埋和电力容量预留）。

《市交通委等关于进一步加强本市电动汽车充电基础设施规划建设运营管理的通知》列出：

住宅配建停车位应100％建设充电设施或预留充电设施建设安装条件（包括预留充电设施、管线桥架、配电设施、电表箱安装位置及用地，电力容量预留、管线预埋），鼓励在公共停车位配建一定数量的充电设施。

商场、宾馆、医院、办公楼等公共建筑配建停车场（库）和公共停车场（库）中建设安装充电设施的停车位应不低于充电设施专项规划明确的配建比例要求。

无障碍汽车停车位的比例应根据现行国家标准《无障碍设计规范》GB 50763 等相关规定进行设置。

【评价方式】

1 预评价：查阅建筑施工图中电动汽车停车位和无障碍停车位设计内容，电气施工图中充电设施条件、配电系统要求、布线系统要求、计量要求等设计内容。

2 竣工评价：查阅建筑竣工图中电动汽车停车位和无障碍停车位设计内容，电气竣工图中充电设施条件、配电系统要求、布线系统要求、计量要求等设计内容，查阅无障碍停车位和电动汽车停车位重点部位的实景影像资料，必要时现场核查。

3 运行评价：查阅建筑竣工图中电动汽车停车位和无障碍停车位设计内容，电气竣工图中充电设施条件、配电系统要求、布线系统要求、计量要求等设计内容，并现场核实电动汽车停车位和无障碍停车位的设置情况。

6.1.4 本条适用于各类民用建筑的预评价、竣工评价和运行评价。

本条旨在为使用非机动车出行的人提供方便的停车场所，以此鼓励绿色出行。非机动车停车场所应规模适度、布局合理，符合使用者出行习惯。现行上海市工程建设规范《建筑工程交通设计及停车库（场）设置标准》DG/TJ 08－7 对非机动车停车位的数量和场所设置提出具体要求，项目根据现场实际情况进行布置，设置的数量满足交通评价的要求。

【评价方式】

1 预评价：查阅建设项目规划设计总平面图中的非机动车

库/棚位置、地面停车场位置，非机动车库/棚及附属设施施工图。

2 竣工评价：查阅建设项目规划设计总平面图中的非机动车库/棚位置、地面停车场位置，非机动车库/棚及附属设施竣工图，查阅非机动车停车场所的现场影像资料，必要时现场核查。

3 运行评价：查阅建设项目规划设计总平面图中的非机动车库/棚位置、地面停车场位置，非机动车库/棚及附属设施竣工图，并现场核实非机动车停车场设置情况。

6.1.5 本条适用于各类民用建筑的预评价、竣工评价和运行评价。

本条旨在通过完善和落实建筑设备管理系统的自动监控管理功能，确保建筑物的高效运营管理。但不同规模、不同功能的建筑项目是否需要设置及需设置的系统大小应根据实际情况合理确定、规范设置。比如当公共建筑的面积不大于 2 万 m^2 或住宅建筑面积不大于 10 万 m^2 时，对于其公共设施的监控可以不设建筑设备自动监控系统，但应设置简易的节能控制措施，如对风机水泵的变频控制、简单的单回路反馈控制等，也都能取得良好的效果。

住宅建筑的智能化系统满足现行行业标准《居住区智能化系统配置与技术要求》CJ/T 174 的基本配置要求，公共建筑的智能化系统满足现行国家标准《智能建筑设计标准》GB 50314 的基础配置要求。

【评价方式】

1 预评价：查阅建筑设备自控系统的设计说明、系统图、监控点位表、平面图、原理图等设计文件和相关设备使用说明书，以及智能化、装修等专业的信息网络系统设计文件（包括设计说明、系统图、机房设计、主要设备及参数等）。

2 竣工评价：查阅建筑设备自控系统的设计说明、系统图、监控点位表、平面图、原理图等竣工文件和相关设备使用说明书，以及智能化、装修等专业的信息网络系统竣工文件（包括设计说明、系统图、机房设计、主要设备及参数等)，必要时现场核查。

3 运行评价:查阅建筑设备自控系统的设计说明、系统图、监控点位表、平面图、原理图等竣工文件和相关设备使用说明书，以及智能化、装修等专业的信息网络系统竣工文件(包括设计说明、系统图、机房设计、主要设备及参数等)。还应查阅运行记录和运行分析报告，并现场核实。

6.2 评分项

Ⅰ 出行与服务

6.2.1 本条适用于各类民用建筑的预评价、竣工评价和运行评价。

优先发展公共交通是缓解城市交通拥堵问题的重要措施，因此建筑与公共交通连接的便捷程度很重要。为便于选择公共交通出行，在选址与场地规划中应重视建筑场地与公共交通站点的便捷连接，合理设置出入口。公共交通站点包括公共汽车站点和轨道交通站点。

根据《上海市综合交通十三五规划》，未来将继续坚持公交优先的发展战略，主要考虑是建立枢纽型功能引领、网络化支撑、多方式紧密衔接的交通网络。上海将形成城际线、市区线、局域线“三个1000公里”的轨道交通网络，基本实现10万人以上新市镇轨道交通站点全覆盖。

【评价方式】

1 预评价:查阅建设项目规划设计总平面图、场地周边公共交通设施布局示意图等规划设计文件，重点审核场地到达公交站点的步行线路、场地出入口到达公交站点的距离以及公交线路的设置情况。

2 竣工评价:查阅建设项目场地出入口与公交站点的实际距离、公交线路的设置情况等相关证明材料，或查阅公共交通站点的影像资料，必要时现场核查。

3 运行评价：查阅建设项目场地出入口与公交站点的实际距离、公交线路的设置情况，并现场核实。

6.2.2 本条适用于各类民用建筑的预评价、竣工评价和运行评价。

据统计，2017年底上海60岁以上的老年人占比约33%，是国内老龄化率最高的城市，建筑设计应充分考虑全龄化设计。

第1款，在建筑出入口、门厅、走廊、楼梯、电梯等室内公共区域中与人体高度接触较多的墙、柱等公共部位，阳角均采用圆角设计。圆角为一段与阳角的两边相切形成的圆弧，可以避免棱角或尖锐突出物对使用者，尤其老人、行动不便者及儿童带来的安全隐患。当公共区域室内阳角为大于90°的钝角时，可不做圆角要求，也可采用绿植遮挡等方式减少安全隐患。该设计主要集中应用在人流量较大、使用人群多样的商业、餐饮、娱乐等建筑的大厅、走廊等公共区域，且与人体高度直接接触较多的扶手、墙、柱等公共部位位置。同时，该区域应设置具有防滑功能的抓杆或扶手，以尽可能保障行走或使用的安全、便利。

第2款，本款参考现行国家标准《无障碍设计规范》GB 50763、《住宅设计规范》GB 50096及现行中国建筑学会标准《健康建筑评价标准》T/ASC 02的相关要求。

【评价方式】

1 预评价：第1款查阅室内装修专业的设计说明、室内公共区域装修平面图、墙柱等阳角节点设计详图、室内抓杆或扶手节点等无障碍设计设计详图、装修设计材料表等设计文件；第2款查阅建筑及室内装修设计施工图、无障碍电梯室内设计详图。

2 竣工评价：查阅室内装修竣工文件和电梯产品说明书，必要时现场核查。

3 运行评价：查阅室内装修竣工文件和电梯产品说明书，并现场核实。

6.2.3 本条适用于各类民用建筑的预评价、竣工评价和运行评价。

本条第1款与现行国家标准《城市居住区规划设计标准》GB 50180 以及现行上海市工程建设规范《上海市城市居住地区和居住区公共服务设施设置标准》DGJ 08－55 进行了对接，居住区的配套设施是指对应居住区分级配套规划建设，并与居住人口规模或住宅建筑面积规模相匹配的生活服务设施，主要包括公共管理与公共服务设施、商业服务业设施、市政公用设施、交通场站及社区服务设施、便民服务设施。本条选取了居民使用频率较高或对便利性要求较高的配套设施进行评价，突出步行可达为便利性原则，有利于节约能源、保护环境。本次修订特别增加了医院、各类群众文化活动设施、老年人日间照料中心等公共服务设施的评价内容，强化了对公共服务水平的评价。其中医院含卫生服务中心、社区医院等，群众文化活动设施含文化馆、文化宫、文化活动中心、老年人或儿童活动中心。本次修订还增加了合理设置非机动车停车充电设施的要求，根据《上海市住宅小区电动自行车停车充电场所建设导则(试行)》(沪建标定〔2016〕528 号)的要求进行设置，同时消防设计还要满足现行国家标准《自动喷水灭火设计规范》GB 50084 的要求。

本条第2款公共建筑兼容2种及以上主要公共服务功能是指主要服务功能在建筑内部混合布局，如建筑中设有共用的会议设施、展览设施、健身设施、餐饮设施等以及交往空间、休息空间等空间，提供休息座位、家属室、母婴室、活动室等人员停留、沟通交流、聚集活动等与建筑主要使用功能相适应的公共空间。

公共服务功能设施向社会开放共享的方式也具有多种形式，可以全时开发，也可以根据自身使用情况错时开发。例如学校建筑中的文化活动中心、图书馆、体育运动场、体育馆等，通过科学管理错时向社会公众开放。办公建筑的室外场地、停车库等在非办公时间向周边居民开发，会议室等向社会开发等。《上海市电动汽车充电设施建设管理暂行规定》规定新建住宅小区、交通枢纽、超市卖场、商务楼宇，党政机关、事业单位办公场所，园区、学校以及独立用地的公共停车场、停车换乘（P+R）停车场应按照不低于总停车位10%的比例预留充电设施安装条件（包括电力管线预埋和电力容量预留）。本条得分项要求在10%的比例上进一步提升5%。

周边500m范围内设有社会公共停车场（库），鼓励社会设施共享共用。城市步行公共通道等评价内容，是为了保障和提高城市公共空间步行系统的完整性和连续性，为城市居民的出行提供便利，提高通达性。在场地内设置人行天桥或地道，形成连续、完善、安全、舒适的慢行系统，串联周边商业、办公楼、公共活动中心区和公交站点。实现了人车分流，缓解交通拥堵地区的道路交通压力，改善行人出行条件。对于中小学、幼儿园、社会福利等公共服务设施，因建筑使用功能的特殊性，本条第2款第1、2、5、6项可直接判定为满足要求。

【评价方式】

1 预评价：查阅建筑总平面施工图、公共服务设施布局图、位置标识图等规划设计文件。

2 竣工评价：查阅建筑竣工图等资料，必要时现场核查。

3 运行评价：查阅设施向社会开放共享的管理办法、实施方案、使用说明、工作记录等，并现场核实实施情况。

6.2.4 本条适用于各类民用建筑的预评价、竣工评价和运行评价。

随着对健康生活的重视，人们对健身活动越来越热衷。健身活动有利于人体骨骼、肌肉的生长，增强心肺功能，改善血液循环系统、呼吸系统、消化系统的机能状况，有利于人体的生长发育，提高抗病能力，增强有机体的适应能力。室外健身可以促进人们更多地接触自然，提高对环境的适应能力，也有益于心理健康，对保障人体健康具有重要意义。

第1、2款，要求设置室内外健身活动区。根据《上海市体育设施管理办法》(沪府令1号)，新建居民住宅区配套建设的体育设施，可以根据需要，设置在室内或者室外。设置在室内的，人均建筑面积不低于0.1m²；设置在室外的，人均用地面积不低于0.3m²。羽毛球场地、篮球场地、乒乓球室、瑜伽练习室、游泳馆、跳操室、广场舞场地、武术场地等球类运动和集体运动场地也可算作运动场地，但不含健身步道、跑道、自行车道、轮滑和滑板道等。

第3款，健身慢行道是指在公共场合设置的供人们行走、慢跑的专门道路。健身慢行道应尽可能避免与场地内车行道交叉，步道宜采用弹性减振、防滑和环保的材料，如塑胶、彩色陶粒等。步道宽度不小于1.25m，源自建设部以及国土资源部联合发布的《城市社区体育设施建设用地指标》的要求。如果附近的其他建筑场地、广场、公园设有健身步道，其步道最近位置距离项目场地出入口不大于1km，可算入本条的健身步道。如果项目室内设置有健身步道，如结合商业步行街设置，也可以算入本条的健身步道。

第4款和第5款，结合周边公共服务设施配置，进行健身活动。强调了城市公共开敞空间、运动场所的便捷性、可达性。根据现行国家标准《城市居住区规划设计规范》GB 50180的规定，本标准提出步行500m应能够到达1处中型多功能运动场地(1300m²～2500m²，集中设置了篮球、排球、五人制足球的运动场地)，或是其他对外开放的专用运动场，如学校对外开放的运动场。

第6款，设置便捷、舒适的日常使用楼梯，可以鼓励人们减少电梯的使用，在日常生活中就能有效消耗热量，增强人体新陈代谢的速度，增强韧带的力量，并在健身的同时节约电梯能耗。鼓励将日常使用的楼梯设置在靠近该栋建筑主入口的地方。楼梯间内有天然采光通风、有良好的视野和人体感应灯，可以提高楼梯间锻炼的舒适度。本条要求一栋建筑至少有一个楼梯满足以上要求。

【评价方式】

1 预评价:查阅总平面图、景观施工图(包含健身设施布局、健身慢行道路线、健身设施场地布置等)、建筑施工图(含平面功能布局、楼梯间位置)、电气施工图(含楼梯间照明系统设计等内容),以及相关产品说明书、场地周边健身设施布局图/规划图、步行路线图、位置标识图等规划设计文件。

2 竣工评价:查阅规划、建筑、景观竣工文件,相关产品说明书及周边设施影像图片,必要时现场核查。

3 运行评价:查阅规划、建筑、景观竣工文件,相关产品说明书及周边设施影像图片,并现场核实。

Ⅱ 智能化系统

6.2.5 本条适用于各类民用建筑的预评价、竣工评价和运行评价。

本条旨在保障且体现绿色建筑达到预期的运营效果,建筑至少应对建筑最基本的能源资源消耗量设置管理系统。但不同规模、不同功能的建筑项目需设置的系统大小及是否需要设置应根据实际情况合理确定。

本条第1款要求设置电、气、热的能耗计量系统和能源管理系统。计量系统是实现运行节能、优化系统设置的基础条件,能源管理系统使建筑能耗可知、可见、可控,从而达到优化运行、降低消耗的目的。冷热源、输配系统和电气等各部分能源应进行独立分项计量,并能实现远传,其中冷热源、输配系统的主要设备包括冷热水机组、冷热水泵、新风机组、空气处理机组、冷却塔等,电气系统包括照明、插座、动力等。对于住宅建筑,主要针对公共区域提出要求,对于住户仅要求每个单元(或楼栋)设置可远传的计量总表。

对于住宅建筑,鉴于分户之间具有相对独立性与私密性的特点,不便对每户能耗情况实行细化监测和管理,但仍应对单元或楼栋整体能耗情况有所了解,以便整体统筹管理;而公共区域主要由物业管理机构进行运行维护和管理,故主要针对其公共区域提出分项计量与管理要求(如公共设备用电、动力用电、走廊和应急照明用电、室外景观照明用电等)。

计量器具应满足现行国家标准《用能单位能源计量器具配备和管理通则》GB 17167 中的要求。

本条要求在计量基础上,通过能源管理系统实现数据传输、存储、分析功能,系统可存储数据均应不少于1年。

第2款对建筑能耗监测系统提出更高的要求,要求其能对能耗数据进行分析,如建筑能耗数据异常、单位面积能耗对比等,结合建筑自控系统,提出建筑节能管理优化建议。

【评价方式】

1 预评价:查阅施工图建筑能耗监测系统设计文件等。

2 竣工评价:查阅竣工图建筑能耗监测系统设计文件,必要时现场核查。

3 运行评价:查阅竣工图建筑能耗监测系统设计文件、历史能耗监测数据、建筑能耗应用分析报告,并现场核实。

6.2.6 本条适用于各类民用建筑的预评价、竣工评价和运行评价。

为加强建筑的可感知性,本条要求住宅建筑每户均应设置空气质量监测系统,公共建筑主要功能房间应设置空气质量监测系统。空气污染物传感装置和智能化技术的完善普及,使对建筑内空气污染物的实时采集监测成为可能。当所监测的空气质量偏离理想阈值时,系统应能作出警示,建筑管理方应对可能影响这些指标的系统做出及时的调试或调整。将监测发布系统与建筑内空气质量调控设备组成自动控制系统,可实现室内环境的智能化调控,在维持建筑室内环境健康舒适的同时减少不必要的能源消耗。本条文要求对安装监控系统的建筑,系统至少对 PM_{10}、

$PM_{2.5}$、CO_2浓度分别进行定时连续测量、显示、记录和数据传输，监测系统对污染物浓度的读数时间间隔不得长于10min。

【评价方式】

1 预评价：查阅监测系统的设计说明、监测点位图、系统功能说明书等设计文件。

2 竣工评价：查阅监测系统的设计说明、监测点位图、系统功能说明书等竣工文件，查阅有关产品型式检验报告，必要时现场核查。

3 运行评价：除查阅监测系统的设计说明、监测点位图、系统功能说明书等竣工文件，查阅有关产品型式检验报告外，还应查阅管理制度、历史监测数据、运行记录，并现场核实。

6.2.7 本条适用于各类民用建筑的预评价、竣工评价和运行评价。

本条主要强调实现用水分项计量系统的设计，为后期的管网漏损及建筑用水量水平分析提供基础。

第1款，远传水表相较于传统的普通机械水表增加了信号采集、数据处理、存储及数据上传功能，可以实时的将用水量数据上传给管理系统。采用远传计量系统对各类用水进行计量，可准确掌握项目用水现状，如给水系统管网分布情况，各类用水设备、设施、仪器、仪表分布及运转状态，用水总量和各用水单元之间的定量关系。计量水表应按使用用途、付费或管理单元情况，对不同用户的用水分别设置用水计量装置。

第2款，远传水表可以实时地将用水量数据上传给管理系统。管理系统应利用计量数据进行用水合理性分析，发掘节水潜力，制定出切实可行的节水管理政策和绩效考核方法。同时该系统应实现诊断管网漏损情况的功能，随时了解管道漏损情况，及时查找漏损点并进行整改。管网漏损率是指管网漏水量与供水总量之比，是衡量建筑供水系统供水效率的指标。建筑管网漏损率的计算方法为二级水表和一级水表计量水量的差值除以一级水表计量水量所得的比例，三级水表和二级水表计量水量的差值除以二级水表计量所得的比例，这两个计算结果均需不大于5%。对于住宅建筑，主要针对公共区域提出要求，对于住户仅要求每个楼栋设置可远传的计量总表。

【评价方式】

1 预评价：查阅包含供水系统远传计量设计图纸、计量点位说明或示意图等在内的设计文件。

2 竣工评价：查阅给排水竣工图、远传水表的型式检验报告、用水量远传计量系统的功能说明、管理制度和运行记录，必要时现场核查。

3 运行评价：查阅给排水竣工图、用水量远传计量系统的历史数据、运行记录及统计分析报告，并现场核实。

6.2.8 本条适用于各类民用建筑的预评价、竣工评价和运行评价。

第1款，鼓励采用智能服务系统实现对建筑室内物理环境状况、设备设施状态的监测，对智能家居或环境设备系统的监测和控制，对工作生活服务平台的访问操作，可有效地提升服务便捷性。智能化服务系统的功能包括家电控制、照明控制、安全报警、环境监测、建筑设备控制、工作生活服务等。本款要求智能服务的内容至少达到3种。

第2款，智能化服务系统平台能够与所在的智慧城市（城区、社区）平台对接，可有效实现信息和数据的共享与互通，大大提高信息更新与扩充的速度和范围，实现相关各方的互惠互利。智慧城市（城区、社区）的智能化服务系统的基本项目一般包括智慧物业管理、电子商务服务、智慧养老服务、智慧家居、智慧医院等，能够为建筑层面的智能化服务系统提供有力支撑。本款要求至少有1个基本项目实现与智慧城市（城区、社区）平台对接。

【评价方式】

1 预评价：查阅包含智能化服务平台方案等在内的智能化

及装修设计文件，重点审核其可实现的远程监控功能、接入上一级智慧平台功能等。

2 竣工评价：查阅智能化相关竣工材料、相关产品的型式检验报告，必要时现场核查。

3 运行评价：查阅智能化管理制度、历史监测数据、运行记录，并现场核实。

Ⅲ 物业管理

6.2.9 本条适用于各类民用建筑的运行评价。

物业管理机构包括物业服务企业或提供运行维护管理的第三方机构。绿色建筑的物业管理相比于常规物业而言，需要在节能、节水、室内环境质量和绿化等方面具有较强的管理经验和能力，同时物业管理机构通过 ISO 14001 环境管理体系认证，可以提高环境管理水平，可达到节约能源、降低消耗、减少环保支出、降低成本的目的，减少由于污染事故或违反法律、法规所造成的环境风险。

物业管理机构具有完善的管理措施，定期进行物业人员的培训。ISO 9001 质量管理体系认证可以促进物业管理机构的质量管理体系的改进和完善，提高其管理水平和工作质量。

现行国家标准《能源管理体系要求》GB/T 23331 要求在组织内建立起完整有效的、形成文件的能源管理体系，注重过程的控制，优化组织的活动、过程及其要素，通过管理措施，不断提高能源管理体系持续改进的有效性，实现能源管理方针和预期的能源消耗或使用目标。

【评价方式】

1 预评价：本条不得分。

2 竣工评价：本条不得分。

3 运行评价：查阅相关认证证书和相关的工作文件，并现场核实。

6.2.10 本条适用于各类民用建筑的运行评价。

第1款，要求建立完善的节能、节水、节材、绿化的操作管理制度、工作指南和应急预案，并放置、悬挂或张贴在各个操作现场的明显处。例如：可再生能源系统操作规程、雨废水回用系统作业标准等。节能、节水设施的运行维护技术要求高，维护的工作量大，无论是自行运维还是购买专业服务，都需要建立完善的管理制度及应急预案，并在日常运行中应做好记录，通过专业化的管理促使操作人员有效保证工作的质量。同时对于突发疫情等特殊情况，制定必要的应急预案和操作规程，包括防疫期间的中央空调系统的使用，非传统水源如何减少潜在的病菌传播等方面，制定相应的操作规程。

第2款，要求物业管理机构在保证建筑的使用性能要求、投诉率低于规定值的前提下，经济效益与建筑用能系统的耗能状况、水资源等的使用情况直接挂钩。

【评价方式】

1 预评价：本条不得分。

2 竣工评价：本条不得分。

3 运行评价：第1款，查阅节能、节水、节材、绿化的相关管理制度，包括操作规程、应急预案、操作人员的专业证书以及节能、节水、节材、绿化的运维管理记录。第2款，查阅物业管理机构的工作考核体系文件（包括业绩考核办法），并现场核实。

6.2.11 本条适用于各类民用建筑的运行评价。

本条根据2014年2月10日发布的《上海市生活饮用水卫生监督管理办法》（沪府令13号），强化了对于二次供水水质的日常检测和管理，保障末端用水安全。建筑运行期间，物业管理机构应制定水质检测制度，定期检测二次供水水质，及时掌握水质安全情况，对于水质超标状况应能及时发现并进行有效处理，及时公示水质情况，避免因水质不达标对人体健康及周边环境造成危害。

上海市政府2014年5月1日起施行的《上海市生活饮用水卫生监督管理办法》第十九条（水质检测与清洗、消毒要求）规定："二次供水设施管理单位应当按照本市生活饮用水卫生规范的要求，每季度对二次供水水质检测一次，并将检测结果向业主公示。"根据上海市地方标准《生活饮用水卫生管理规范》DB31/T 804—2014中第7.1.3条的规定，二次供水设施管理单位应每季度对二次供水检测一次，检测指标为浑浊度、消毒剂余量、菌落总数和总大肠菌群，不具备检测条件的应委托具有相关计量认证资质的检验机构进行检测；第7.2.2条要求二次供水储水设施清洗消毒后，从事清洗、消毒的单位应现场检测二次供水浑浊度、消毒剂余量，并采样送至具有相关计量认证资质的检验机构，由检验机构根据现行国家标准《生活饮用水卫生标准》GB 5749的要求检测水质色度、浑浊度、pH、菌落总数、总大肠菌群、消毒剂余量。二次供水水质检测应在储水设施、处理设备出水口、管网末端用水点分别取样。水质的检验应按现行国家标准《生活饮用水标准检验方法》GB 5750、"城市供水水质测定系列标准"CJ/T 141～CJ/T 150等标准执行。

物业管理机构应保存历年的水质检测记录，并至少提供最近1年完整的取样、检测资料，对水质不达标的情况应制定合理完善的整改方案，及时实施并记录。项目所在地卫生监督部门对项目的水质抽查或强制检测也可计入定期检测次数中。

【评价方式】

1 预评价：本条不得分。

2 竣工评价：本条不得分。

3 运行评价：重点查看二次供水工作记录、水质检测档案等。若项目由第三方进行水箱清洗，需提供水箱清洗单位的合同文件，并现场核实。

6.2.12 本条适用于各类民用建筑的运行评价。

信息化管理是实现绿色建筑物业管理定量化、精细化的重要手段，对保障建筑的安全、舒适、高效及节能环保的运行效果，提高物业管理水平和效率，具有重要作用。采用信息化手段建立完善的建筑工程及设备、能耗监管、配件档案及维修记录是极为重要的。

系统功能应与管理业务流程匹配，工作数据完整，对于物业管理信息系统而言，更应该满足物业服务流程的要求，并对关键系统运行数据进行记录留档。

【评价方式】

1 预评价：本条不得分。

2 竣工评价：本条不得分。

3 运行评价：查阅建筑物及设备的配件档案和维修的信息记录，并现场核实。

6.2.13 本条适用于各类民用建筑的运行评价。

目前本市运营项目存在分项计量数据不完整等问题，并且逐项用水定额核算实际项目的操作难度及准确度难度都较大，且较难实现项目之间的横向对比。

根据项目的业态分布、人员数量、使用时间等基本参数，基于现行国家标准《民用建筑节水设计标准》GB 50555 中的用水定额上限值、下限值和平均值，首先按用途对申报范围内的各类用水分别计算用水量；然后相加作为项目整体的用水量，核算出适于本项目的用水量水平评估线；最后再将项目实际日均用水量与本项目用水量水平评估线进行比较，得出项目的整体节水水平。该方式可以解决未能实现用水分项计量的项目的用水水平评估以及降低逐项用水定额核算实际项目的操作难度及准确度难度。

此外，为了促进物业对建筑用水量的持续追踪、分析和改进，本条还要求物业提供建筑用水量分析报告，报告中应该包括用水量逐月分项分析、管网漏损率核算、分析和整改以及年度节水指标和改造计划等内容。

【评价方式】

1 预评价：本条不得分。

2 竣工评价：本条不得分。

3 运行评价：查阅用水市政账单、建筑运行情况说明、建筑用水分析报告、实测分类用水量计量记录，并现场核实。

6.2.14 本条适用于各类民用建筑的运行评价。

第1款，对绿色建筑的运营效果进行评估是及时发现和解决建筑运营问题的重要手段，也是优化绿色建筑运行的重要途径。绿色建筑涉及专业面广，故制定绿色建筑运营效果评估技术方案和评估计划，是评估有序和全面开展的保障条件。根据评估结果，可发现绿色建筑是否达到预期运行目标，进而针对发现的运营问题制定绿色建筑优化运营方案，保持甚至提升绿色建筑运行效率和运营效果。

第2款，保持建筑及其区域的公共设施设备系统、装置运行正常，做好定期巡检和维保工作，是绿色建筑长期运行管理中实现各项目标的基础。制定的管理制度、巡检规定、作业标准及相应的维保计划是使用者安全、健康的基本保障。定期巡检包括：公共设施设备（管道井、绿化、路灯、外门窗等）的安全、完好程度、卫生情况等；设备间（配电室、机电系统机房、泵房）的运行参数、状态、卫生等；消防设备设施（室外消防栓、自动报警系统、灭火器）等完好程度、标识、状态等；建筑完损等级评定（结构部分的墙体、楼盖、楼地面、幕墙，装修部分的门窗、外装饰、细木装修、内墙抹灰）的安全检测、防锈防腐等，以上内容还应做好归档和记录。

建筑的系统、设备、装置的检查及调适不仅仅限于新建建筑的试运行和竣工验收，而应是一项持续性、长期性的工作。建筑运行期间，所有与建筑运行相关的管理、运行状态，建筑构件的耐久性、安全性等会随时间、环境、使用需求调整而发生变化，因此建筑持续的调适工作特别重要。

第3款，物业管理机构有责任定期（每年）开展能源诊断。住宅类建筑能源诊断的内容主要包括：能耗现状调查、室内热环境和暖通空调系统等现状诊断。住宅类建筑能源诊断检测方法可参照现行行业标准《居住建筑节能检测标准》JGJ/T 132 的有关规定。公共建筑能源诊断的内容主要包括：冷水机组与热泵机组的实际性能系数、锅炉运行效率、水泵效率、水系统补水率、水系统供回水温差、冷却塔冷却性能、风机单位风量耗功率、风系统平衡度等，公共建筑能源诊断检测方法可参照现行行业标准《公共建筑节能检测标准》JGJ/T 177 的有关规定。

第 4 款，通过用户满意度调查，密切关注用户对于绿色性能品质方面的需求，不仅有利于建筑性能的提升，而且能促进用户对建筑性能的直接感知并增添获得感，体现以人为本的理念。绿色性能满意度调查内容应至少包括室内空气品质、声环境、光环境、热湿环境、室外噪声、景观绿化、垃圾收集。对调查结果、改进措施的实施和公示，有助于建筑使用者参与监督，促进建筑绿色性能品质的提升。满意度调查的抽查人数应不少于建筑使用者总人数的 10%。

【评价方式】

1 预评价：本条不得分。

2 竣工评价：本条不得分。

3 运行评价：查阅相关管理制度、年度评估报告、历史监测数据、绿色性能评估报告及使用者满意度调查分析报告、调适报告、检测报告、诊断报告，并现场核实。

6.2.15 本条适用于各类民用建筑的运行评价。

第 1 款，建立绿色教育宣传和实践活动机制，可以促进普及绿色建筑知识，让更多的人了解绿色建筑的运营理念和有关要求。尤其是通过媒体报道和公开有关数据，能营造关注绿色理念、践行绿色行为的良好氛围。组织灾害应急演练不仅可以检验应急方案的可操作性，还有助于相关人员强化岗位职责，提高绿色建筑使用者的安全意识和抵御灾害事故的能力。

第 2 款，鼓励形式多样的绿色生活展示、体验或交流分享的平台，包括利用实体平台和网络平台的宣传、推广和活动，如建立绿色生活的体验小站、旧物置换、步数绿色积分、绿色小天使亲子活动等。定期发放绿色设施使用手册，绿色设施使用手册是为建筑使用者及物业人员提供各类设备设施的功能、作用及使用说明的文件。绿色设施包括建筑设备管理系统、节能灯具、遮阳设施、可再生能源系统、非传统水源系统、节水器具、节水绿化灌溉设施、垃圾分类处理设施等。营造出使用者爱护环境、绿色家园共建的氛围。

【评价方式】

1 预评价：本条不得分。

2 竣工评价：本条不得分。

3 运行评价：第 1 款，查阅物业管理机构组织的绿色教育宣传实践活动内容和存档记录。第 2 款，查阅建立的实体或网络平台及活动开展情况，绿色设施使用手册及发放记录，并现场核实。

7 资源节约

7.1 控制项

7.1.1 本条适用于各类民用建筑的预评价、竣工评价和运行评价。

空调全覆盖，或者简单降低夏季制冷、提升冬季供暖温度的做法不利于节能。为此，本条要求建筑应结合不同的行为特点和功能要求合理区分设定室内温度标准。在保证使用舒适度的前提下，合理设置少用能、不用能空间，减少用能时间、缩小用能空间，通过建筑空间设计达到节能效果。室内过渡空间是指门厅、中庭、高大空间中超出人员活动范围的空间，由于其较少或没有人员停留，可适当降低放宽温度标准，以达到降低供暖空调用能的目的。“小空间保证、大空间过渡”是指在设计高大空间建筑时，将人员停留区域控制在小空间范围内，大空间部分按照过渡空间设计。

人员短期逗留区域空调供冷工况室内设计参数宜比长期逗留区域提高1℃～2℃，供热工况宜降低1℃～2℃，人员长期逗留区空调设计参数可参考表4指标要求。

表4 人员长期逗留区空调设计参数

类别	热舒适等级	温度(℃)	相对湿度
供热工况	Ⅰ级	22～24	≥30%
	Ⅱ级	18～22	—
供冷工况	Ⅰ级	24～26	40%～60%
	Ⅱ级	26～28	≤70%

【评价方式】

1 预评价:查阅暖通相关设计文件。

2 竣工评价:查阅暖通竣工图、计算书,并现场核查。

3 运行评价:查阅暖通竣工图、计算书、运行记录等,并现场核实。

7.1.2 本条适用于各类民用建筑的预评价、竣工评价和运行评价。

不同朝向、不同使用时间、不同功能需求(人员设备负荷,室内温湿度要求)的区域应考虑供暖空调的分区,否则会增加后期运行调控的难度,也带来了能源的浪费。因此,本条要求设计应区分房间的朝向,细分供暖、空调区域,应对系统进行分区控制。对于采用分体式以及多联式空调的,可认定为满足空调供冷分区要求。

空调系统一般按照设计工况(满负荷)进行系统设计和设备选型,而建筑在绝大部分时间内是处于部分负荷状况的,或者同一时间仅有一部分空间处于使用状态。现行上海市工程建设规范《公共建筑节能设计标准》DGJ 08-107 已经对空调冷源的部分负荷性能(IPLV)及电制冷冷源综合制冷性能系数(SCOP)提出了要求,本条参照执行。

【评价方式】

1 预评价:查阅相关设计文件[暖通专业施工图纸及设计说明,要求有控制策略、部分负荷性能系数(IPLV)计算说明、电制冷冷源综合制冷性能系数(SCOP)计算说明、热源效率计算说明]。

2 竣工评价:查阅相关竣工图、冷(热)源机组设备说明,必要时现场核查。

3 运行评价:查阅相关竣工图、冷(热)源机组设备说明,并现场核核实。

7.1.3 本条适用于各类民用建筑的预评价、竣工评价和运行评价。

现行国家标准《建筑照明设计标准》GB 50034 规定了各类房间或场所的照明功率密度值，分为“现行值”和“目标值”，其中“现行值”是新建建筑必须满足的最低要求，“目标值”要求更高。

在建筑的实际运行过程中，照明系统的分区控制、定时控制、自动感应开关、照度调节等措施对降低照明能耗作用很明显。照明系统分区需满足自然光利用、功能和作息差异的要求。功能差异如办公区、走廊、楼梯间、车库等的分区；作息差异一般指日常工作时间、值班时间等的不同。对于公共区域（包括走廊、楼梯间、大堂、门厅、地下停车场等场所）可采取分区、定时、感应等节能控制措施。如楼梯间采取声、光控或人体感应控制；走廊、地下车库可采用定时或其他的集中控制方式。

在照明设计时，应根据照明部位的自然环境条件，结合天然采光与人工照明的灯光布置形式，合理选择照明控制模式。自然采光区域的人工照明控制应独立于其他区域的照明控制，有利于单独控制采光区的人工照明，实现照明节能。

【评价方式】

1 预评价：查阅相关设计文件（包含电气照明系统图、电气照明平面图、照明开关连线平面图）、设计说明（需包含照明设计要求、照明设计标准、照明控制措施等）、建筑照明功率密度计算分析报告。

2 竣工评价：查阅相关竣工图、设计说明（需包含照明设计要求、照明设计标准、照明控制措施等）、建筑照明功率密度检测报告，必要时现场核查。

3 运行评价：查阅相关竣工图、设计说明（需包含照明设计要求、照明设计标准、照明控制措施等）、建筑照明功率密度检测报告，并现场核实。

7.1.4 本条适用于各类民用建筑的预评价、竣工评价和运行评价。

建筑用能主要包括空调系统、照明系统、其他动力系统等。

设置分项或分功能计量系统，有助于统计各类设备系统的能耗分布，发现能耗的不合理之处。

对于公共建筑，上海市工程建设规范《公共建筑用能监测系统工程技术标准》DGJ 08－2068－2017 第 3.0.1 条对公共建筑能耗监测系统的建设提出指导性做法：要求电能按照照明插座、空调、动力、特殊用电进行分项能耗计量，并按照水、电、燃气、燃油、外供热源、外供冷源和可再生能源进行分类能耗计量。根据《上海市国家机关办公建筑和大型公共建筑能耗监测系统管理办法》（沪住建规范〔2018〕2 号）的规定：单体建筑面积在 1 万平方米以上的新建国家机关办公建筑和 2 万平方米以上的新建大型公共建筑，或者既有国家机关办公建筑和大型公共建筑进行节能改造的，应当安装建筑用能分项计量装置，同步建立建筑能耗监测终端，并与建筑自控系统联网，具备数据采集、储存、统计、分析及管理等功能。在建筑施工阶段，同步安装建筑用能分项计量装置，确保建筑能耗数据上传至各级分平台，并向各级平台主管部门申请对建筑能耗数据联网情况进行确认，并取得相应的联网验收报告。

对于住宅建筑，不要求户内各路用电的单独分项计量，但应实现分户计量；住宅公共区域参考前述公共建筑执行。根据《民用建筑节能条例》第十八条：居住建筑安装的用热计量装置应当满足分户计量的要求。

【评价方式】

1 预评价：查阅电气等相关专业施工图及设计说明、分类分项计量施工图。

2 竣工评价：查阅电气等相关专业竣工图及设计说明、分类分项计量竣工图，必要时现场核查。

3 运行评价：查阅电气等相关专业竣工图及设计说明、分类分项计量竣工图、分项计量能耗监测的数据记录，并现场核实。

7.1.5 本条适用于各类民用建筑的预评价、竣工评价和运行评价。

无电梯和自动扶梯的建筑，本条不参评。对于仅设有1台电梯的建筑，不考虑电梯群控措施，但应满足节能电梯的相关规定。

本条是对电梯系统的节能控制措施的要求。对垂直电梯，应具有群控、变频调速拖动、能量再生回馈等至少1项技术，实现电梯节能。对于扶梯，应采用变频感应启动技术来降低使用能耗。

本市高层建筑中，垂直电梯已成为设备系统的重要构成部分，电梯能耗在建筑总能耗中的比重也不可忽视。此外，由于电梯断续工作和频繁启停，还容易造成电网波动。作为绿色建筑，在满足使用者便捷性的同时，应重视电梯配置的合理性，选用数量及各项参数合理的电梯以及控制系统，减小其对电网的影响。

自动扶梯与自动人行道在商场、机场等公共场所普遍使用，这些建筑都有明显的低峰时间段。在低峰时间段自动扶梯与自动人行道会有很长的闲置时间，如仍然正常运转，不但不节能，还会减少设备使用寿命，因此装设变频感应系统可有效降低能耗，延长设备使用寿命。

【评价方式】

1 预评价：查阅相关设计文件、电梯与自动扶梯人流平衡计算分析报告。

2 竣工评价：查阅相关竣工图、相关产品型式检验报告，必要时现场核查。

3 运行评价：查阅相关竣工图、相关产品型式检验报告、电梯运行记录，并现场核实。

7.1.6 本条适用于各类民用建筑的预评价、竣工评价和运行评价。

通过全面的分析研究，制定水资源利用方案，提高水资源循环利用率，减少市政供水量和污水排放量。水资源利用方案包含项目概况、水量计算及水量平衡分析、给排水系统设计方案介绍、节水器具及设备说明、非传统水源利用方案等内容。

第 1 款，按使用用途、付费或管理单位情况分别设置用水计量装置，可以统计各用水部门的用水量和分析渗漏水量，达到持续改进节水管理的目的。同时，也可以据此施行计量收费，或节水绩效考核，促进行为节水。

第 2 款，用水器具给水配件在单位时间内的出水量超过额定流量的现象，称为超压出流现象。该流量与额定流量的差值，为超压出流量。超压出流量未产生使用效益，为无效用水量，即浪费水量。给水系统设计时，应采取措施控制超压出流现象，应合理进行压力分区，并适当地采取减压措施，避免造成浪费。

当选用自带减压装置的用水器具时，该部分管线的工作压力满足相关设计规范的要求即可。当建筑因功能需要，选用特殊水压要求的用水器具时，可根据产品要求采用适当的工作压力，但应选用用水效率高的产品，并在说明书中作相应描述。

第 3 款，现行上海市地方标准《二次供水设计、施工、验收、运行维护管理要求》DB 31/566 规定，二次供水系统地下室泵房内的水池须设置超高水位报警和自动关闭进水阀门联动装置。本款在该标准的基础上强化，要求二次供水系统所有水箱、水池均设置超高水位报警和自动关闭进水阀门联动装置。

第 4 款，所有用水器具和设备应满足节水型产品要求。除特殊功能需求外，均应选用用水效率等级在 2 级及以上的节水型用水器具。

第 5 款，公共浴室用水量监测属于本市大型公共建筑用能监测平台分项监测的内容之一，应鼓励公共浴室节水。本款适用于设有公共浴室的各类民用建筑，包括学校、医院、体育场馆等建筑设置的公用浴室，也包括住宅、办公楼、旅馆、商店内设置的公共浴室以及其为物业人员、餐饮服务人员和其他工作人员设置的公共浴室。公共浴室应采取用者付费、超过设定的时间自动断水等节水方式。未设置公共浴室的建筑本款直接通过。

【评价方式】

1 预评价：查阅给排水设计文件(含水表分级设置示意图、各层用水点用水压力计算图表、用水设备节水性能要求)、水资源利用方案及其在设计中的落实说明、公共浴室节水措施说明等。

2 竣工评价：查阅给排水竣工图、水资源利用方案及其在设计中的落实说明、用水设备产品说明书或产品节水性能检测报告、公共浴室节水措施说明等，必要时现场核查。

3 运行评价：查阅给排水竣工图、水资源利用方案及其在设计中的落实说明、用水设备产品说明书或产品节水性能检测报告、公共浴室节水措施说明等，并现场核实。

7.1.7 本条适用于各类民用建筑的预评价、竣工评价和运行评价。

本条主要依据国家和上海市建筑抗震相关强制性规范中的强条规定。国家标准《建筑抗震设计规范》GB 50011－2010(2016年版)第3.4.1条(强制性条文)明确规定，“严重不规则的建筑不应采用”。上海市工程建设规范《建筑抗震设计规程》DGJ 08－9－2013第3.4.1条(强制性条文)明确规定，“建筑设计应根据抗震概念设计的要求明确建筑形体的规则性。不规则的建筑应按规定采取加强措施；特别不规则的建筑应进行专门研究和论证，采取特别的加强措施；严重不规则的建筑不应采用”。

【评价方式】

1 预评价：查阅建筑、结构专业设计文件，建筑形体规则性判定报告，重点审核报告中计算及其依据的合理性、建筑形体的规则性及其判定的合理性。

2 竣工评价：查阅建筑、结构专业竣工图、建筑形体规则性判定报告，必要时现场核查。

3 运行评价：查阅建筑、结构专业竣工图、建筑形体规则性判定报告，并现场核实。

7.1.8 本条适用于各类民用建筑的预评价、竣工评价和运行评价。

设置大量的没有功能的纯装饰性构件，不符合绿色建筑节约资源的要求。鼓励使用装饰和功能一体化构件，在满足建筑功能的前提之下，体现美学效果、节约资源。本条鼓励使用装饰和功能一体化构件，如结合遮阳功能的格栅、结合绿化布置的构架、屋面或外墙使用光伏发电与装饰一体化构件等，在满足建筑功能的前提下，体现美学效果、节约资源。

本条所指的装饰性构件主要包括以下三类：

1）超出安全防护高度 2 倍的女儿墙；

2）仅用于装饰的塔、球、曲面；

3）不具备功能作用的飘板、格栅、构架。

为更好地贯彻“适用、经济、绿色、美观”的新时期建筑方针，兼顾公共建筑尤其是商业及文娱建筑的特殊性，要求公共建筑装饰性构件造价与建筑总造价的比例不应大于 1%。

装饰性构件造价比例计算应以单栋建筑为单元，各单栋建筑的装饰性构件造价比例均应符合条文规定的比例要求。计算时，分子为各类装饰性构件造价之和，分母为单栋建筑的土建、安装工程总造价，不包括征地、装修等其他费用。

【评价方式】

1　预评价：查阅建筑效果图、立面图、剖面图等设计文件，装饰性构件的功能说明书（如有）及造价计算书，重点审核女儿墙高度、构件功能性、计算数据来源。

2　竣工评价：查阅建筑竣工文件，装饰性构件的功能说明书（如有）及造价计算书，重点审核女儿墙高度、构件功能性、计算数据来源，必要时现场核查。

3　运行评价：查阅建筑竣工文件，装饰性构件的功能说明书（如有）及造价计算书，现场核实女儿墙高度、构件功能性等。

7.1.9　本条适用于各类民用建筑的预评价、竣工评价和运行评价。

鼓励选用本地化建材，是减少运输过程的资源和能源消耗、降低环境污染的重要手段之一。本条参考本标准 2012 版，要求就地取材制成的建筑产品所占的重量比例应大于 70%，相比国家标准《绿色建筑评价标准》GB/T 50378－2019 中对应条文规定的 60%比例要求有所提升。条文中的 500km 是指建筑材料的最后一个生产工厂或场地到施工现场的运输距离。

【评价方式】

1 预评价：查阅结构施工图及设计说明等相关证明材料，重点核查设计文件中对于本地化建材提出的要求。

2 竣工评价：查阅结构及建筑竣工文件、材料进场记录、材料用量清单、本地化材料使用比例计算书及购销合同等证明文件，重点核查各类主要建材的最后一个生产或加工工厂位置。

3 运行评价：查阅材料进场记录、材料用量清单、本地化材料使用比例计算书及购销合同、结构及建筑竣工文件等证明文件，重点核实各类主要建材的最后一个生产或加工工厂位置。

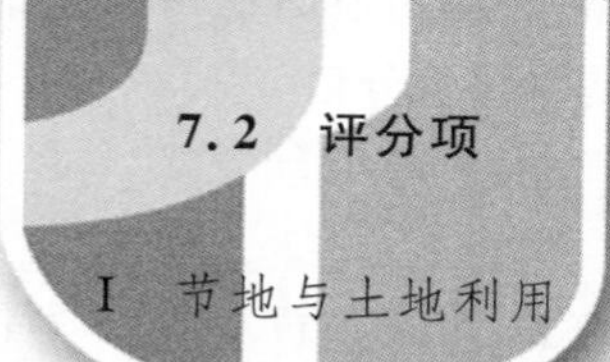

7.2 评分项

Ⅰ 节地与土地利用

7.2.1 本条适用于各类民用建筑的预评价、竣工评价和运行评价。

对住宅建筑，人均住宅用地指标是控制其节地的关键性指标。本标准与现行国家标准《城市居住区规划设计标准》GB 50180 进行了对接，并以居住区的最小规模即居住街坊的控制指标为基础，提出了人均住宅用地指标评分规则。居住街坊是指住宅建筑集中布局、由支路等城市道路围合（一般为 2hm^2～4hm^2 住宅用地，约 300 套～1000 套住宅）形成的居住基本单元。评价时，如果建设项目规模超过 4hm^2，在项目整体指标满足所在地控制性详细规划要求的基础上，应以其小区路围合形成的居住街坊为评价单元计算人均住宅用地指标。

本条人均住宅用地指标计算和评分方式如下：

(1) 当住区内所有住宅建筑层数相同时，计算人均住宅用地指标，将其与标准中相应层数建筑的值进行比较，得到具体评价分值。人均住宅用地指标计算如下：

$$A=R\div(H\times 2.8)$$

式中：A——人均居住用地面积；

R——参评范围的居住用地面积；

H——住宅户数；

2.8——指每户2.8人，参照上海市工程建设规范《城市居住地区和居住区公共服务设施设置标准》DGJ 08－55－2006第1.0.2条条文说明"规划户均人口2.5～2.8人"，按照每户2.8人计算。

(2) 当住区内不同层数的住宅建筑混合建设时，计算现有居住户数可能占用的最大居住用地面积，将其与实际参评居住用地面积进行比较，得到具体评价分值。

当 $R\geqslant(H_1\times 36+H_2\times 27+H_3\times 20+H_4\times 16+H_5\times 12)\times 2.8$ 时，得0分；

当 $R\leqslant(H_1\times 36+H_2\times 27+H_3\times 20+H_4\times 16+H_5\times 12)\times 2.8$ 时，得15分；

当 $R\leqslant(H_1\times 33+H_2\times 24+H_3\times 19+H_4\times 15+H_5\times 11)\times 2.8$ 时，得20分。

式中：H_1——3层及以下住宅户数；

H_2——4～6层住宅户数；

H_3——7～9层住宅户数；

H_4——10～18层住宅户数；

H_5——19层及以上住宅户数；

R——参评范围的居住用地面积。

对公共建筑，容积率是控制其节地的关键性指标。本标准在充分考虑公共建筑功能特征的基础上进行分类，一类是容积率通常较高的行政办公、商务办公、商业金融、旅馆饭店、交通枢纽等设施，另一类是容积率不宜太高的教育、文化、体育、医疗卫生、社会福利等公共服务设施，并分别制定了评分规则。评价时，应根据建筑类型对应的容积率进行赋值。

对于混合类型的建筑，应按不同类型建筑的容积率分别计算得分，然后乘以不同类型建筑所占的面积比例进行叠加计算。

【评价方式】

1 预评价：查阅相关设计文件（含建筑等专业施工图、计算书等）。

2 竣工评价：查阅相关竣工图（或竣工验收报告），必要时现场核查。

3 运行评价：查阅相关竣工图（或竣工验收报告），并现场核实。

7.2.2 本条适用于各类民用建筑的预评价、竣工评价和运行评价。

由于地下空间的利用受诸多因素制约，因此未利用地下空间的项目应提供相关说明。经论证，建筑规模、场地区位、地质等建设条件确实不适宜开发地下空间，并提供经济技术分析报告的，本条可直接得分。地铁上盖工程的地上建设项目，可根据其地下建设项目的地下空间开发利用指标来计算本条得分。

开发利用地下空间是城市节约集约用地的重要措施之一。地下空间的开发利用应与地上建筑及其他相关城市空间紧密结合、统一规划，但从雨水渗透及地下水补给、减少径流外排等生态环保要求出发，地下空间也应利用有度、科学合理。

【评价方式】

1 预评价：查阅相关设计文件（含建筑等专业施工图、计算书等）。

2 竣工评价：查阅相关竣工图（或竣工验收报告），必要时现场核查。

3 运行评价:查阅相关竣工图(或竣工验收报告),并现场核实。

7.2.3 本条适用于各类民用建筑的预评价、竣工评价和运行评价。

根据上海市工程建设规范《建筑工程交通设计及停车库(场)设置标准》DG/TJ 08-7-2014 第5.1.7条:"公共建筑配建的机动车停车库(场),地面包括首层平面或上下客层平面,停车位不宜小于总停车数的5%。"在本市的实际工程实践中,地面停车数量一般均小于总停车数的5%,适当提高本条标准,有利于节约土地,符合本市实际情况。

从既节约集约利用土地,又减少工程建设量、节约工程造价角度出发,鼓励采用地面停车楼、立体式停车设施等停车方式,以提高土地使用效率,让更多的地面空间作为公共活动空间、公共绿地,营造宜居环境。

对于住宅、公建混合类型的建筑,应按不同类型建筑的停车计分方式分别计算得分,然后乘以不同类型建筑所占的建筑面积比例进行叠加计算。

【评价方式】

1 预评价:查阅相关设计文件(含建筑等专业施工图、计算书等)。

2 竣工评价:查阅相关竣工图(或竣工验收报告),必要时现场核查。

3 运行评价:查阅相关竣工图(或竣工验收报告),并现场核实停车方式。

Ⅱ 节能与能源利用

7.2.4 本条适用于各类民用建筑的预评价、竣工评价和运行评价。

第 1 款，住宅建筑要求围护结构热工性能满足现行上海市工程建设规范《居住建筑节能设计标准》DGJ 08－205 中规定性指标要求，公共建筑要求围护结构热工性能满足现行上海市工程建设规范《公共建筑节能设计标准》DGJ 08－107 中规定性指标要求。

第 2 款，建筑供暖空调负荷降低比例应根据现行上海市工程建设规范《居住建筑节能设计标准》DGJ 08－205 及《公共建筑节能设计标准》DGJ 08－107 中围护结构节能参数要求，通过计算建筑围护结构节能率来判定。建筑围护结构节能率指的是：与参照建筑相比，设计建筑通过围护结构热工性能改善而使全年供暖空调能耗降低的百分数。

第 2 款如能够得分，还应满足现行上海市工程建设规范《公共建筑节能设计标准》DGJ 08－107 及《居住建筑节能设计标准》DGJ 08－205 权衡判断的基本要求。

【评价方式】

1 预评价：查阅建筑施工图及设计说明、围护结构施工详图、围护结构热工性能参数表、节能计算书；或审查空调负荷全年计算分析报告等。

2 竣工评价：查阅建筑竣工图、围护结构竣工详图、围护结构热工性能参数表、当地建筑节能审查相关文件、节能工程验收记录、进场复验报告、空调负荷全年计算分析报告，必要时现场核查。

3 运行评价：查阅建筑竣工图、围护结构竣工详图、围护结构热工性能参数表、当地建筑节能审查相关文件、节能工程验收记录、进场复验报告，并现场核查；或审查供暖空调全年计算负荷报告，同时查阅基于实测数据的供暖供热量、空调供冷量，并现场核实。

7.2.5 本条适用于各类民用建筑的预评价、竣工评价和运行评价。

对于同时存在供暖、空调的项目，冷热源能效提升应同时满足本条的要求才能得分。现行上海市工程建设规范《公共建筑节能设计标准》DGJ 08－107 强制性条文分别对锅炉额定热效率、电机驱动的蒸气压缩循环冷水（热泵）机组的性能系数（COP）、名义制冷量大于 7 100W、采用电机驱动压缩机的单元式空气调节机、风管送风式和屋顶式空气调节机组的能效比（EER）、多联式空调（热泵）机组的制冷综合性能系数（IPLV(C)）、直燃型溴化锂吸收式冷（温）水机组的性能参数提出了基本要求。本条在此基础上，以比其强制性条文规定值提高百分比（锅炉热效率以百分点）的形式，对包括上述机组在内的供暖空调冷热源机组能源效率提出了更高要求。

对于本市节能标准中未予规定的情况，例如家用燃气快速热水器和燃气采暖热水炉、热泵热水机（器）等其他设备作为供暖空调冷热源（含热水炉同时作为供暖和生活热水热源的情况），应以现行国家标准《家用燃气快速热水器和燃气采暖热水炉能效限定值及能效等级》GB 20665、《热泵热水机（器）能效限定值及能效等级》GB 29541 等中的节能评价值作为本条得分的依据；若在节能评价值上再提高一级，可以得到更高的分值。对于房间空气调节器，应以现行国家标准《房间空气调节器能效限定值及能效等级》GB 21455 作为得分依据，满足 2 级及以上可获得对应的分值。

【评价方式】

1 预评价：查阅暖通施工图、暖通设备表。

2 竣工评价：查阅暖通竣工图、主要产品型式检验报告，必要时现场核查。

3 运行评价：查阅暖通竣工图、主要产品型式检验报告，并现场核实。

7.2.6 本条适用于各类民用建筑的预评价、竣工评价和运行评价。

第 1 款，对于采用分体空调和多联机空调（热泵）（多联机配管长度需满足相关规范要求）机组的，本款可直接得分。对于设置新风机的项目，新风机需参与评价；第 2 款，对于采用非集中采暖空调系统的项目，如分体空调、多联机空调（热泵）机组、单元式空气调节机等，本款可直接得分。

本条主要判断参评项目是否采取了大温差空调冷水系统，或者更高效率的风机、水泵，评价其对输配系统能耗的影响。

第 1 款，应按照现行上海市工程建设规范《公共建筑节能设计标准》DGJ 08－107 中风机单位耗功率的要求进行评价。

第 2 款，应按照现行上海市工程建设规范《公共建筑节能设计标准》DGJ 08－107 中的第 4.2.6、4.4.7 条对集中供暖系统热水循环泵的耗电输热比、空调冷热水系统循环水泵的耗电输冷（热）比的要求进行评价。本条提出对以上参数的更优化要求，通过末端系统及输配系统的优化设计，降低末端和输配能耗。

【评价方式】

1 预评价：查阅暖通施工图、暖通设备表、单位风量耗功率计算书、耗电输冷（热）比计算书。

2 竣工评价：查阅暖通竣工图、暖通设备表、单位风量耗功率计算书、耗电输冷（热）比计算书、主要产品型式检验报告，必要时现场核查。

3 运行评价：查阅暖通竣工图、暖通设备表、单位风量耗功率计算书、耗电输冷（热）比计算书、主要产品型式检验报告，运行相关记录等，并现场核实。

7.2.7 本条适用于各类民用建筑的预评价、竣工评价和运行评价。

采用分体空调、可随时开窗通风的住宅建筑，在充分证明其开窗通风的有效性的前提下，本条可得 6 分。

当室外空气比焓值低于室内空气比焓值时，优先利用室外新风消除室内热湿负荷利于节能。

对于全空气空调系统，除采用核心筒集中新风竖井之外的其余空调系统应具有可变新风比功能，所有全空气空调系统的最大总新风比不应低于50%。服务于人员密集的大空间和全年具有供冷需求区域的全空气空调系统，可达到的最大总新风比不低于70%。

对于风机盘管加集中新风的空调系统或多联式空调系统，也应具备可适当加大新风量的系统能力，例如在内区面积较大的办公、会议、医院诊疗室、商业、餐厅等区域，在非空调季节，采用最大风量送新风，在空调季节，则采用最小新风量送新风。

当采用全新风或可调新风比时，空调排风系统的设计和运行应与新风量的变化相适应，新风口和新风管的尺寸应按最大新风量来设计。

过渡季和冬季时具有一定供冷量需求的建筑，采用冷却塔提供空调冷水的方式，减少了全年运行冷水机组的时间，是一种值得推广的节能措施。

【评价方式】

1 预评价：查阅暖通、电气专业施工图及设计说明，降低过渡季节供暖、通风与空调系统能耗措施报告，并校核新风管与新风口流速。

2 竣工评价：查阅暖通、电气专业竣工图及设计说明，降低过渡季节供暖、通风与空调系统能耗措施报告，并校核新风管与新风口流速，必要时现场核查。

3 运行评价：查阅暖通、电气专业竣工图及设计说明，降低过渡季节供暖、通风与空调系统能耗措施报告，并校核新风管与新风口流速，机组运行记录，并现场核实。

7.2.8 本条适用于各类民用建筑的预评价、竣工评价和运行评价。

第1款，要求主要功能房间的照明功率密度值不应高于现行国家标准《建筑照明设计标准》GB 50034规定的目标值要求。

第2款，人工照明随天然光照度变化自动调节，不仅可以保证良好的光环境，避免室内产生过高的明暗亮度对比，还能在较大程度上降低照明能耗。当项目经济条件许可的情况下，为了灵活地控制和管理照明系统，并更好地结合人工照明与天然采光设施，宜设置智能照明控制系统以营造良好的室内光环境，并达到节电的目的。如当室内天然采光随着室外光线强弱变化时，室内的人工照明应按照人工照明的照度标准，利用光传感器自动启闭或调节部分灯具。本款中的天然采光区域是指天然采光系数达标区域。

【评价方式】

1 预评价：查阅建筑、电气、装修施工图及设计说明，照明功率密度计算书。

2 竣工评价：查阅建筑、电气、装修竣工图及设计说明，照明功率密度检测报告，相关产品型式检验报告等，必要时现场核查。

3 运行评价：查阅建筑、电气、装修竣工图及设计说明，照明功率密度检测报告，照明系统运行记录等，并现场核实。

7.2.9 本条适用于各类民用建筑的预评价、竣工评价和运行评价。

住宅建筑如采用低压供电，无法获得配电变压器的技术参数的项目，本条第一款不得分。

本条要求所用配电变压器满足现行国家标准《电力变压器能效限定值及能效等级》GB 20052 规定的 2 级要求可以得 2 分，满足 1 级要求可以得 4 分。

风机、水泵应满足现行国家标准《通风机能效限定值及能效等级》GB 19761 以及《清水离心泵能效限定值及节能评价值》GB 1976 中节能评价值要求。

【评价方式】

1 预评价：查阅电气、暖通、给排水施工图及设备表。

2 竣工评价：查阅电气、暖通、给排水竣工图及设备表，相关产品型式检验报告，必要时现场核查。

3 运行评价：查阅电气、暖通、给排水竣工图及设备表，相关产品型式检验报告及运行记录，并现场核实。

7.2.10 本条适用于各类民用建筑的预评价、竣工评价和运行评价。

1 对于住宅建筑

1）预评价及竣工评价阶段应计算建筑的供暖空调和照明系统能耗并进行比较，即根据现行上海市工程建设规范《居住建筑节能设计标准》DGJ 08－205 中节能参数要求，分别计算设计建筑及满足本市现行建筑节能设计标准规定的参照建筑供暖空调能耗和照明系统能耗，计算其节能率并进行得分判定。如本市节能设计标准中未提及相关参数设置及计算方法时（如设计建筑与参照建筑系统形式的选择等），可参考行业标准《民用建筑绿色性能计算标准》JGJ/T 449－2018 中第 5.3 节的相关设置要求。

2）运行评价主要评价建筑围护结构、冷热源设备参数、照明功率密度等是否符合能耗分析计算中参数设置要求。

2 对于公共建筑

1）预评价及竣工评价阶段应计算建筑的供暖空调和照明系统能耗并进行比较，即根据现行上海市工程建设规范《公共建筑节能设计标准》DGJ 08－107 中节能参数要求，分别计算设计建筑及满足本市现行建筑节能设计标准规定的参照建筑供暖空调能耗和照明系统能耗，计算其节能率并进行得分判定。如本市节能设计标准中未提及相关参数设置及计算方法时（如设计建筑与参照建筑系统形式的选择、热回收系统的设置、冷却水系统设置等），可参考行业标准《民用建筑绿色性能计算标准》JGJ/T 449－2018 中第 5.3 节的相关设置要求。

2）运行评价，本条要求建筑实际能耗与现行本市合理用能指南中规定的约束值进行比较，根据建筑实际运行能耗低于约束值的百分比进行节能率得分判断。需要说明的是，当建筑运行后实际人数、小时数等参数与本市现行合理用能指南中的约束值不同时，应对建筑实际能耗进行修正，具体的修正办法参考本市现行合理用能指南相关规定。

目前本市现行的合理用能指南主要包括：《星级饭店建筑合理用能指南》DB31/T 551、《综合建筑合理用能指南》DB31/T 795、《高等学校建筑合理用能指南》DB31/T 783、《机关办公建筑合理用能指南》DB31/T 550、《大型商业建筑合理用能指南》DB31/T 552、《市级医疗机构建筑合理用能指南》DB31/T 553、《大型公共文化设施建筑合理用能指南》DB31/T 554、《大中型体育场馆建筑合理用能指南》DB31/T 989 等。

【评价方式】

1 预评价：查阅暖通、电气、内装专业施工图纸及设计说明、暖通空调和照明能耗模拟计算书。

2 竣工评价：查阅相关竣工图、暖通空调和照明能耗模拟计算书、机电系统运行调试记录等，必要时现场核查。

3 运行评价：查阅相关竣工图、机电系统运行调试记录、建筑能耗运行数据等，并现场核实。

7.2.11 本条适用于各类民用建筑的预评价、竣工评价和运行评价。

本条对由可再生能源提供的生活热水比例、空调用冷量和热量比例、电量比例进行分档评分。当建筑的可再生能源利用不止一种用途时，可各自评分并累计；当累计得分超过 10 分时，应取为 10 分。本条涉及的可再生能源应用比例，应为可再生能源的净贡献量。

对于可再生能源提供的生活热水比例，住宅可沿用住户比例的判别方式。如采用太阳能热水器等提供生活热水的住户比例达到表 7.2.11 中所要求的数值，即可得相应分（但仍需校核太阳能热水系统的供热能力是否与相应住户数量相匹配，且应满足现行法律法规和标准对于太阳能热水系统设置的基本要求）。对于公共建筑以及采用公共洗浴形式的住宅建筑，应计算可再生能源对生活热水的设计小时供热量与生活热水的设计小时加热耗热量。

对于可再生能源提供的空调用冷/热量以及电量，可计算设计工况下可再生能源冷/热的冷热源机组（如地/水源热泵）的供冷/热量（即将机组输入功率考虑在内）与空调系统总的冷/热负荷（冬季供热且夏季供冷的，可简单取冷量和热量的算术和）以及发电机组（如光伏板）的输出功率与供电系统设计负荷之比。运行评价应以可再生能源净贡献量为依据进行评价，即应该扣除辅助能耗（如冷却塔、必要的输配能耗或电加热等），再计算可再生能源的全年冷/热贡献量和可替代电量。

对于存在稳定热水需求的住宅建筑或公共建筑，采用太阳能与热水系统提供生活热水，空气源热泵作为辅助热源时，若满足现行上海市工程建设规范《太阳能与空气源热泵热水系统应用技术标准》DG/TJ 08－2316 及现行国家标准《公共建筑节能设计标准》GB 50189 中能效要求时，本条也可得分。

【评价方式】

1 预评价：查阅可再生能源相关设计文件、计算分析报告。

2 竣工评价：查阅可再生能源相关竣工图、计算分析报告、产品型式检验报告、可再生能源运行调试报告，必要时现场核查。

3 运行评价：查阅可再生能源相关竣工图、计算分析报告、产品型式检验报告、可再生能源运行监测数据，并现场核实。

Ⅲ 节水与水资源利用

7.2.12 本条适用于各类民用建筑的预评价、竣工评价和运行评价。

绿色建筑鼓励选用更高性能的节水器具。目前,我国已对大部分用水器具的用水效率制定了标准,坐便器执行现行国家标准《坐便器水效限定值及水效等级》GB 25502,水嘴执行现行国家标准《水嘴用水效率限定值及用水效率的等级》GB 25501,小便器执行现行国家标准《小便器用水效率限定值及用水效率的等级》GB 28377,淋浴器执行现行国家标准《淋浴器用水效率限定值及用水效率的等级》GB 28378,淋浴器执行现行国家标准《便器冲洗阀用水效率限定值及用水效率的等级》GB 28379,蹲便器执行现行国家标准《蹲便器用水效率限定值及用水效率的等级》GB 30717。目前相关标准正在更新中,如发布实施,则执行更新后的标准要求。在设计文件中要注明对卫生器具的节水要求和相应的参数或标准。

【评价方式】

1 预评价:查阅相关设计图、设计说明(含相关节水产品的设备材料表、产品说明书等)。

2 竣工评价:查阅预评价涉及的竣工文件、节水器具的采购清单或进场记录、相应的产品说明书,必要时现场核查。

3 运行评价:查阅竣工评价涉及的竣工文件、节水器具的采购清单或进场记录、相应的产品说明书,并现场核实。

7.2.13 本条适用于各类民用建筑的预评价、竣工评价和运行评价。

绿化灌溉应采用喷灌、微灌等节水灌溉方式(当绿化灌溉用水水源为再生水时,不应采用喷灌),同时还可采取土壤湿度传感器或雨天自动关闭等节水控制方式。

无须永久灌溉植物是指适应上海的气候条件,仅依靠自然降雨即可维持良好的生长状态的植物,或在干旱时体内水分丧失,全株呈现风干状态而不死亡的植物。无须永久灌溉植物仅在生根时需要进行人工灌溉,因而不设置永久的灌溉系统,但临时灌溉系统应在一年之内移走。

当项目90%以上的绿化面积采用了高效节水灌溉方式或节水控制措施时，方可判定按“采用节水灌溉系统”得分；采用移动喷头本款不得分。当50%以上的绿化面积种植了无须永久灌溉植物，且其余部分绿化采用了节水灌溉方式时，可判定按“种植无须永久灌溉植物”得分。当选用无须永久灌溉植物时，设计文件中应提供植物配置表，并说明是否属于无须永久灌溉植物，应说明所选植物的耐旱性能。

【评价方式】

1 预评价：查阅相关设计图、设计说明（含绿化灌溉产品的设备材料表）、产品说明书等。

2 竣工评价：查阅建筑及景观竣工文件、相应的产品说明书，必要时现场核查。

3 运行评价：查阅建筑及景观竣工文件、相应的产品说明书，并现场核实。

7.2.14 本条适用于各类民用建筑的预评价、竣工评价和运行评价。

不设置空调设备或系统的项目，本条可直接得分。

集中空调系统的冷却水补水量占建筑物用水量的30%～50%，减少冷却塔系统不必要的耗水，对整个建筑物的节水意义重大。

开式循环冷却水系统或闭式冷却塔的喷淋水系统可设置水处理装置和化学加药装置改善水质，减少排污耗水量；可采取加大集水盘、设置平衡管或平衡水箱等方式，相对加大冷却塔集水盘浮球阀至溢流口段的容积，避免停泵时的泄水和启泵时的补水浪费。

本条中的“无蒸发耗水量的冷却技术”包括采用分体空调、风冷式冷水机组、风冷式多联机、地源热泵、干式运行的闭式冷却塔等。

【评价方式】

1 预评价：查阅相关设计图、设计说明（冷却塔节水措施说明）、产品说明书等。

2 竣工评价：查阅给排水竣工文件、相应的产品说明书，必要时现场核查。

3 运行评价：除查阅竣工阶段评价涉及的相关文件及现场核实外，需提供冷却塔全年逐月补水量的记录文件，并现场核实。

7.2.15 本条适用于各类民用建筑的预评价、竣工评价和运行评价。

未设室外景观水体的项目，本条可直接得分。室外景观水体的补水没有利用雨水及河道水或雨水利用量不满足要求时，本条不得分。

设置本条的目的是鼓励将雨水控制利用和室外景观水体设计有机地结合起来。国家标准《民用建筑节水设计标准》GB 50555－2010 中强制性条文第 4.1.5 条规定，“景观用水水源不得采用市政自来水和地下井水”，国家标准《住宅建筑规范》GB 50368－2005（全文强制）第 4.4.3 条规定，“人工景观水体的补充水严禁使用自来水”。因此，设有水景的项目，水体的补水只能使用非传统水源；若利用临近的河道水，需要取得当地相关主管部门的许可。

景观水体的补水应充分利用场地的雨水资源，不足时再考虑其他非传统水源的使用。景观水体的设计应通过技术经济可行性论证确定规模和具体形式。设计时，应做好景观水体补水量和水体蒸发量逐月的水量平衡，确保满足要求。景观水体的补水管应单独设置水表，不得与绿化用水、道路冲洗用水合用水表。

景观水体的水质根据水景补水水源和功能性质不同，应不低于现行国家标准的相关要求，具体水质标准详见本标准第 5.1.3 条。在雨水进入景观水体之前，利用生态设施消减径流污染，如充分利用植物和土壤渗滤作用。

【评价方式】

1 预评价：查阅相关设计文件（含总平面图竖向、室内外给排水施工图、水景详图等）、水量平衡计算书。

2 竣工评价：查阅给排水、景观竣工图、计算书及径流污染生态消减措施现场照片，必要时现场核查。

3 运行评价：查阅给排水、景观竣工图、计算书、景观水体补水用水计量运行记录、景观水体水质检测报告等，并现场核实径流污染生态消减措施。

7.2.16 本条适用于各类民用建筑的预评价、竣工评价和运行评价。

经相关政府主管部门的许可后，利用临近的河、湖水作为原水经相应的处理达到相应用途的水质标准的，本条可得分。杂用水包括室外绿化浇灌、车库及道路冲洗、洗车用水等。

上海降雨量丰富，雨水更适合季节性利用，比如绿化、景观水体、冷却等季节性用途。同时，雨水调蓄池在调蓄容积上增加雨水回用容积也可以作为杂用水补充水源使用。使用非传统水源及河道水替代自来水作为冷却水补水水源时，其水质指标应满足现行国家标准《采暖空调系统水质》GB/T 29044 中规定的空调冷却水的水质要求。

“采用非传统水源及河道水的用水量占其总用水量比例”指项目某项杂用水采用非传统水源及河道水的用水量占该部分杂用水总用水量的比例。

本条涉及的非传统水源及河道水用水量、总用水量均为设计年用水量。设计年用水量由设计平均日用水量和用水时间计算得出。设计平均日用水量应根据节水用水定额和设计用水单元数量计算得出，节水用水定额取值详见现行国家标准《民用建筑节水设计规范》GB 50555。

【评价方式】

1 预评价：查阅相关设计文件、政府相关主管部门的许可、非传统水源利用计算书。

2 竣工评价：查阅给排水竣工图、非传统水源利用计算书、非传统水源水质监测报告，必要时现场核查。

3 运行评价：查阅给排水竣工图、非传统水源全年逐月的水质检测报告，并现场核实非传统水源实际使用情况。

Ⅳ 节材与绿色建材

7.2.17 本条适用于各类民用建筑的预评价、竣工评价和运行评价。

土建装修一体化设计，要求对土建设计、机电设计和装修设计统一协调，在土建设计时充分考虑建筑空间的功能改变的可能性及装饰装修（包括室内、室外、幕墙、陈设）、机电（暖通、电气、给排水外露设备设施）设计的各方面需求，事先进行孔洞预留和装修面层固定件的预埋，避免在装修时对已有建筑构件打凿、穿孔。还可选用风格一致的整体吊顶、整体橱柜、整体卫生间等，这样既可减少设计的反复，又可以保证设计质量，做到一体化设计。

土建装修一体化施工，提前让机电、装修施工介入，综合考虑各专业需求，避免发生错漏碰缺、工序颠倒、操作空间不足、成品破坏和污染等后续无法补救的问题。

实践中，可由建设单位统一组织建筑主体工程和装修施工，也可由建设单位提供菜单式的装修做法由业主选择，统一进行图纸设计、材料购买和施工。在选材和施工方面，尽可能采取工业化制造的、具备稳定性、耐久性、环保性和通用性的设备和装修装置材料，从而在工程竣工验收时室内装修一步到位，避免破坏建筑构件和设施。

本条要求建筑所有区域均实施土建工程与装修工程一体化设计和施工，方可达标。对于住宅建筑，要求所有户型均采用建筑、装修一体化设计，预埋机电、管线等内装设计必须同步到位；对于公共建筑，要求公共部位和出租区域等所有功能空间均采用土建工程与装修工程一体化设计及施工。对于装配式建筑，采用管线分离方式设计及施工，有效避免对已有建筑构件打凿墙、穿孔，也可视为满足本条要求。

【评价方式】

1 预评价：查阅土建、机电、装修各专业施工图等设计文件，重点核查结构、设备等土建设计预留条件与装修设计方案的一致性。

2 竣工评价：查阅建筑及装修竣工图、验收报告、施工过程记录、实景照片等，必要时现场核查。

3 运行评价：查阅建筑及装修竣工图、验收报告、施工过程记录，并现场核实。

7.2.18 本条适用于各类民用建筑的预评价、竣工评价和运行评价。

合理采用高强度结构材料，可减少构件的截面尺寸及材料用量，同时也可减轻结构自重，减小地震作用及地基基础的材料消耗，具有较好的节材效益。

第1款中高强度钢筋指的是400MPa级及以上受力普通钢筋；高强混凝土指的是C50及以上混凝土；高性能混凝土指的是以建设工程设计、施工和使用对混凝土性能特定要求为总体目标，选用优质常规原材料，合理掺加外加剂和掺合料，采用较低水胶比并优化配合比，通过预拌和绿色生产方式以及严格的施工措施，制成具有优异的拌合物性能、力学性能、耐久性能和长期性能的混凝土。作为最早推进混凝土商品化和产能规模最大城市之一，上海在超高层建筑工程、海工工程、城市轨道交通及隧道工程等领域积累了较多的高强混凝土和高性能混凝土应用经验，已出台了上海工程建设规范《高性能混凝土应用技术标准》DG/TJ 08－2276－2018。

一般情况下，提高竖向承重构件混凝土的强度等级可以明显减小竖向承重构件的截面尺寸，减少混凝土用量，并增加使用面积。鼓励在竖向承重结构中优先采用高强混凝土，且 C50 及以上高强混凝土的用量占竖向称重结构中混凝土总量的比例达到 50%，可认为满足本条要求。对于部分不适合在竖向承重结构中大量使用高强混凝土的项目，如 6 层及以下低层建筑，可由设计单位编制相关文件，结合设计方案和环境影响分析说明理由，由专家酌情判定得分。

本条第 2 款的高强钢材指的是现行国家标准《钢结构设计标准》GB 50017 规定的 Q345 级以上高强钢材。注意：在国家标准《低合金高强度结构钢》GB/T 1591－2018 中，Q345 钢材牌号已更改为 Q355。第 2 款第 3 项所指的施工时免支撑的楼屋面板，包括各种类型的压型钢板组合楼板、钢筋桁架楼承板、钢筋混凝土叠合板或预应力混凝土叠合板，楼屋面采用工具式脚手架与配套定型模板施工，可达到免抹灰效果。当建筑结构材料与构件中的地上所有竖向承重构件为钢构件或者钢包混凝土构件，楼面结构是钢梁与混凝土组合楼面时，按第 2 款直接计算分值。

本条第 3 款，对于混合结构，考虑混凝土、钢的组合作用优化结构设计，可达到较好的节材效果。

【评价方式】

1 预评价：查阅结构设计说明、结构施工图、材料预算清单等设计文件，各类材料用量比例计算书及使用情况说明。

2 竣工评价：查阅结构竣工文件、施工记录、各类材料用量比例计算书及使用情况说明。

3 运行评价：查阅结构竣工文件、施工记录、各类材料用量比例计算书及使用情况说明，并现场核实。

7.2.19 本条适用于各类民用建筑的预评价、竣工评价和运行评价。

2018 年 8 月 1 日起施行的上海市工程建设规范《住宅室内装配式装修工程技术标准》DG/TJ 08－2254－2018 中对工业化内装部品的定义为：由工厂生产的，构成内装系统的建筑单一产品或复合产品组装而成的功能单元的统称。该标准中提到的部品有：装配式隔墙、装配式墙面、装配式吊顶、装配式楼地面、集成式厨房和整体厨房、集成式卫生间和整体卫生间、整体收纳。

2017年1月1日起施行的《上海市住房和城乡建设管理委员会关于进一步加强本市新建全装修住宅建设管理的通知》中提出：上海目前结合全装修住宅，推广支撑体与填充体分离SI内装技术，鼓励整体卫浴和厨房等部品模块化应用，以及集成吊顶、设备管线等内装工业化生产方式。

根据上述标准及管理规定，本条中工业化内装部品主要包括：装配式隔墙、装配式墙面、装配式吊顶、装配式楼地面、集成式厨房和整体厨房、集成式卫生间和整体卫生间、整体收纳、管线集成与设备设施等。其中，装配式隔墙、装配式墙面、装配式吊顶和装配式楼地面应采用干式工法。

工业化内装部品占同类部品用量比例可按国家和本市装配式建筑相关标准及管理规定进行计算。如采用国家标准《装配式建筑评价标准》GB/T 51129－2017第4.0.8～4.0.13条规定计算，当计算比例达到50%及以上时，可认定满足本条的基本要求。在满足此项基本要求的前提下，根据选用部品的种类多少判定得分。

当裙房建筑面积较大时，或建筑使用功能、主体功能形式等存在较大差异时，主楼与裙房可先分别评价并计算得分，然后按照建筑面积的权重进行折算。

【评价方式】

1 预评价：查阅建筑及装修专业施工图、工业化内装部品施工图等设计文件、工业化内装部品用量计算书。

2 竣工评价：查阅建筑及装修竣工图、工业化内装部品用量计算书、产品型式检验报告，必要时现场核查。

3 运行评价：查阅建筑及装修竣工图、工业化内装部品用量计算书、产品型式检验报告，并现场核实。

7.2.20 本条适用于各类民用建筑的预评价、竣工评价和运行评价。

本条的评价范围是永久性安装在工程中的建筑材料，不包括电梯等设备。

可再利用材料指的是在不改变材料的物质形态情况下直接进行再利用，或经过简单组合、修复后可直接再利用的土建及装饰装修材料，如旧钢架、旧木材、旧砖等；可再循环材料指的是需要通过改变物质形态实现循环利用的土建及装饰装修材料，如钢筋、铜、铝合金型材、玻璃、石膏、木地板等；还有的建筑材料则既可以直接再利用又可以回炉后再循环利用，例如旧钢结构型材等。以上各类材料均可纳入本条范畴。施工过程中产生的回填土、使用的模板等不在本条统计计算范畴中。

计算可再循环材料和可再利用材料用量比例时，分子为申报项目（地上部分）各类可再循环材料和可再利用材料重量之和，分母为项目（地上部分）建筑材料总重量。当某类材料既属于可再循环材料，又属于可再利用材料时，在用量比例计算时不重复计入。

【评价方式】

1 预评价：查阅建筑等专业的设计说明、施工图、工程概预算材料清单等设计文件，各类材料用量比例计算书，各种建筑材料的使用部位及使用量一览表。

2 竣工评价：查阅各类材料用量比例计算书等证明材料、相关产品检测报告，必要时现场核查。

3 运行评价：查阅各类材料用量比例计算书等证明材料、相关产品检测报告，并现场核实各类材料使用情况。

7.2.21 本条适用于各类民用建筑的预评价、竣工评价和运行评价。

在满足安全和使用性能的前提下，本条鼓励利用粉煤灰、矿渣等工业废料制备混凝土及相关制品；利用废弃混凝土制备资源化利用建材产品；利用淤泥等作为原料制作成墙体材料、保温材料等；利用工业副产品石膏制作成石膏制品等；利用再生塑料制成建筑制品等。

上海市持续推进建筑废弃混凝土资源化利用工作，2018 年 8 月，上海市住房和城乡建设管理委员会等委办局共同制定了《上海市建筑废弃混凝土回收利用管理办法》（沪住建规范〔2018〕7 号），用以提升本市建筑废弃混凝土回收利用水平和质量，促进循环经济发展；2019 年 1 月，上海市住房和城乡建设管理委员会发布了《上海市建筑废弃混凝土资源化利用建材产品应用技术指南》（沪建建材〔2019〕36 号），鼓励本市建筑废弃混凝土资源化利用建材产品高质量应用，提升建筑废弃混凝土资源化利用水平和质量。

本条参考了《上海市建筑废弃混凝土资源化利用建材产品应用技术指南》相关规定，各类建筑废弃混凝土资源化利用建材中再生骨料的取代率均不低于 15%，具体要求如下：

1 C25 及以下强度等级预拌混凝土中再生骨料对同类材料的取代率不低于 15%，或 C25 以上强度等级预拌混凝土中开展再生骨料混凝土的应用。

2 在建筑墙体中开展再生骨料混凝土砌块（砖）的应用，且再生骨料的取代率不低于 20%。

3 在建筑砌筑、抹灰和楼地面中开展再生骨料干混砂浆的应用，且再生骨料的取代率不低于 20%。

我国先后发布多个政策文件，从税收优惠的角度对废弃物掺量达到一定比例（30%～70%不等）的利废建材（砖瓦、砌块、墙板、管材管桩、混凝土、砂浆、道路井盖、道路护栏、防火材料、耐火材料、保温材料等）生产企业进行鼓励和引导。为了给利废建材产品资源综合利用认定管理和税收优惠政策落实工作提供依据，本市于 2013 年编制发布了上海市地方标准《无机类建材产品中固体废物掺量验证试验方法》DB31/T 764－2013，该标准以 X 射线荧光分析仪方法为基础，通过检测建材产品及原材料主要氧化物的质量分数，根据原材料的掺量与其氧化物的质量百分数在产品中的相关性，分析出各原材料的掺量，可实现建材产品中固体废弃物的掺量定量化检测。

为保证废弃物掺量及利废建材使用量达到一定比例，本条三款分别对利废建材用量比例及相应的废弃物掺量进行规定。在实际评价时，首先确认项目使用的哪些建材属于利废建材范畴，通过复核该产品的废弃物掺入量建材报告，确定其废弃物掺入量比例，并计算其用量占同类建材的用量比例。在计算利废建材用量比例时，分子为某种利废建材重量，分母为该种利废建材所属的同类材料的总重量。当项目使用了多种利废建材，应针对每种单独计算，每种利废建材的用量比例均不应低于 30%。

【评价方式】

1 预评价：查阅工程概预算材料清单、利废建材用量比例计算书、各种建筑材料的使用部位及使用量一览表。

2 竣工评价：查阅各类材料用量比例计算书、利废建材中废弃物掺量说明及证明材料、相关产品检测报告，必要时现场核查。

3 运行评价：查阅各类材料用量比例计算书、利废建材中废弃物掺量说明及证明材料、相关产品检测报告，并现场核实利废建材使用情况。

7.2.22 本条适用于各类民用建筑的预评价、竣工评价和运行评价。

国家及本市均采取评价标识和产品认证为引导手段，促进绿色建材的推广应用。国家层面，最初由住房和城乡建设部（简称“住建部”）、工业和信息化部（简称“工信部”）联合推进绿色建材评价标识工作，两部先后联合出台《关于印发〈绿色建材评价标识管理办法〉的通知》（建科〔2014〕75 号）、《关于印发〈促进绿色建材生产和应用行动方案〉的通知》（工信部联原〔2015〕309 号）、《关于印发〈绿色建材评价标识管理办法实施细则〉和〈绿色建材评价技术导则（试行）〉的通知》（建科〔2015〕162 号）等措施推进该项工作。目前，全国范围内绿色建材评价标识统一的技术依据为《绿色建材评价技术导则（试行）》，该导则中包含砌体材料、保温材料、预拌混凝土、建筑节能玻璃、陶瓷砖、卫生陶瓷、预拌砂浆等七类建材产品的评价技术要求，获标识的建材产品在全国建立统一的绿色建材标识产品信息发布平台可实时查询。住建部提出的绿色建材推广应用目标为：绿色建材应用占比稳步提高，新建建筑中应用比例达到30%，绿色建筑中应用比例达到50%，试点示范工程中应用比例达到70%，既有建筑改造中应用比例提高到80%。

2019年3月，国家发展改革委等七部门联合印发了《绿色产业指导目录(2019年版)》(发改环资〔2019〕293号)，将“绿色建材认证推广”正式列入，以支撑建筑节能、绿色建筑和新型城镇化建设需求。2019年11月，市场监管总局、住建部、工信部联合印发《绿色建材产品认证实施方案》，明确了绿色建材认证机构管理要求，提出绿色建材产品认证目录由三部委根据行业发展和认证工作需要，共同确定并发布；绿色建材产品认证由低到高分为一、二、三星级，在认证目录内依据绿色产品评价国家标准认证的建材产品等同于三星级绿色建材。

上海市住房和城乡建设管理委员会、上海市经济和信息化委员会联合推进绿色建材评价标识工作，两部门先后联合出台《关于成立上海市绿色建材评价标识工作管理机构和组建相关专家委员会的通知》(沪建建材联〔2016〕1169号)、《关于成立上海市绿色建材评价标识工作专家委员会的通知》(沪建建材联〔2017〕315号)、《关于开展上海市绿色建材评价标识试点工作的通知》(沪建建材联〔2017〕359号)、《关于全面开展上海市绿色建材评价标识(试点)申报工作的通知》(沪建建材联〔2017〕846号)等措施推进该项工作。现行上海市工程建设规范《绿色建材评价通用技术标准》DG/TJ 08—2238中规定了预拌混凝土、预拌砂浆、砌体材料、建筑外墙水性涂料、建筑节能玻璃等五类建材产品的评价技术要求。

同时，为了进一步拓展绿色建材的品种和类型，住建部科技与产业化发展中心在中国工程建设标准化协会组织开展100项绿色建材相关的评价标准的编制工作[详见《2017年第三批产品标准试点项目计划》(建标协字〔2017〕034号)]。目前，已有多项标准完成了审查工作，预计将来参与绿色建材标识评价及认证的建材品种类型将有所扩充。

绿色建材应用比例应按下式计算，并按表5确定得分。

$$P=(S_1+S_2+S_3+S_4)/100\times100\%$$

式中：P——绿色建材应用比例；

S_1——主体结构材料指标实际得分值；

S_2——围护墙和内隔墙指标实际得分值；

S_3——装修指标实际得分值；

S_4——其他指标实际得分值。

表5 绿色建材使用比例计算表

计算项		计算要求	计算单位	计算得分
主体结构	预拌混凝土	80%≤比例≤100%	m^3	10～20*
	预拌砂浆	50%≤比例≤100%	m^2	5～10*
围护墙和内隔墙	非承重围护墙	比例≥80%	m^3	10
	内隔墙	比例≥80%	m^3	5
装修	外墙装饰面层涂料、面砖、非玻璃幕墙板等	比例≥80%	m^2	5
	内墙装饰面层涂料、面砖、壁纸等	比例≥80%	m^2	5
	室内顶棚装饰面层涂料、吊顶等	比例≥80%	m^2	5
	室内地面装饰面层木地板、面砖等	比例≥80%	m^2	5
	门窗、玻璃	比例≥80%	m^2	5
其他	保温材料	比例≥80%	m^2	5
	卫生洁具	比例≥80%	具	5
	防水材料	比例≥80%	m^2	5
	密封材料	比例≥80%	kg	5
	其他	比例≥80%	—	5/10

注:1　表中带“*”项的分值采用“内插法”计算,计算结果取小数点后一位。

2　预拌混凝土应包含预制部品部件的混凝土用量;预拌砂浆应包含预制部品部件的砂浆用量;围护墙、内隔墙采用预制构件时,计入相应体积计算;结构保温装修等一体化构件分别计入相应的墙体、装修、保温、防水材料计算公式进行计算。

表8中最后一项的“其他”包括管材管件、遮阳设施、光伏组件等产品,此处每使用一种符合要求的产品得5分,但累计不超过10分。所涉材料如尚未开展绿色建材评价标识,则在式中分母的“100”中扣除相应的分值后计算。

【评价方式】

1　预评价:查阅建筑、土建、装修等专业的设计说明、施工图、工程概预算材料清单等设计文件,绿色建材应用比例计算分析报告。

2　竣工评价:查阅结构、建筑竣工文件,绿色建材应用比例计算分析报告,相关产品的性能检测报告及绿色建材标识证书等,如有必要现场核查。

3　运行评价:查阅结构、建筑竣工文件,绿色建材应用比例计算分析报告,相关产品的性能检测报告及绿色建材标识证书等,并现场核实。

8 环境宜居

8.1 控制项

8.1.1 本条适用于各类民用建筑的预评价、竣工评价和运行评价。

现行国家标准《民用建筑设计统一标准》GB 50352、《城市居住区规划设计标准》GB 50180、《综合医院建筑设计规范》GB 51039、《中小学校设计规范》GB 50099、《建筑日照计算参数标准》GB/T 50947，现行行业标准《疗养院建筑设计标准》JGJ/T 40、《托儿所、幼儿园建筑设计规范》JGJ 39，现行上海市工程建设规范《住宅设计标准》DGJ 08－20 以及《上海市城乡规划条例》《上海市城市规划管理技术规定(土地使用　建筑管理)》《上海市日照分析规划管理办法》(沪规土资建规〔2016〕100 号)等，对居住建筑、医院病房楼、休(疗)养院住宿楼、幼儿园、托儿所和大中小学教学楼、中小学校体育场地和幼儿园、托儿所室外游戏场地等的主、客体建筑日照要求作了规定。

建筑规划布局时，建筑和场地应根据本市相关日照标准的规定，对建设项目可能产生的日照影响进行分析，确定建筑间距，满足自身日照要求，且不影响相邻有日照要求的建筑和场地。

【评价方式】

1 预评价：查阅相关设计文件(含规划批复文件、总平面设计图等)、日照分析报告及附图。

2 竣工评价：查阅相关竣工图、日照分析报告及附图，必要时现场核查。

3 运行评价：查阅相关竣工图、日照分析报告及附图，并现场核实。

8.1.2 本条适用于各类民用建筑的预评价、竣工评价和运行评价。

现行行业标准《城市居住区热环境设计标准》JGJ 286 对居住区详细规划阶段的热环境设计进行了规定，给出了设计方法、指标、参数。项目规划设计时，应充分考虑场地内热环境的舒适度，采取有效措施改善场地通风不良、遮阳不足、绿量不够、渗透不强等一系列的问题，降低热岛强度，提高环境舒适度。本条要求项目按现行行业标准《城市居住区热环境设计标准》JGJ 286 进行热环境设计。当项目场地布置情况不符合上述标准的规定性设计要求时，应进行室外热环境模拟计算并进行合理优化，使场地室外平均热岛强度≤1.5℃。如项目处于非居住区规划范围内，符合其城乡规划的要求即为达标。

【评价方式】

1 预评价：查阅室外景观总平图、乔木种植平面图、构筑物设计详图（需含构筑物投影面积值）、屋面做法详图及道路铺装详图等设计文件以及场地热环境计算报告（如为规定性设计，应包含迎风面积比、遮阳覆盖率等内容；如为评价性设计，应包含逐时湿球黑球温度和平均热岛强度）。

2 竣工评价：查阅预评价方式涉及的竣工文件、场地热环境计算报告，必要时现场核查。

3 运行评价：查阅相关竣工图、场地热环境计算报告，并现场核实。

8.1.3 本条适用于各类民用建筑的预评价、竣工评价和运行评价。

配建绿地应符合城乡规划的要求，合理选择绿化方式并符合下列规定：

1 应充分利用实土布置绿地，配置适应本市气候、土壤和环境条件、少维护、耐候性强、病虫害少、对人体无害的植物。

2 种植区域覆土深度和排水能力应满足植物生长需求。

3 应采用以乔木为主，乔、灌、草组合配置的复层绿化。

国家标准《民用建筑设计统一标准》GB 50352－2019 第5.4.1条第2款规定，“应充分利用实土布置绿地，植物配置应根据当地气候、土壤和环境等条件确定”，第5.4.2条第1款规定，“地下建筑顶板上的覆土层宜采取局部开放式，开放边应与地下室外部自然土层相连”。

植物配置应选用适应本市气候和所在地土壤种植，在常规绿化栽培技术条件下，不需要特殊保护措施能正常生长发育，保持原有优良性状，且应配置病虫害少、无针刺、无落果、无飞絮、无毒、无花粉污染、不易导致过敏的植物种类。植物配置应注意季相变化和常绿落叶树种的合理搭配，保证景观效果的长效性。严禁选毒性植物及海枣、丝兰等枝叶有硬刺的植物。尽可能减少使用果毛、飞絮较多的树种。

栽植有效土层厚度：应符合各类乔、灌、草植物的生长条件和栽植土层厚度要求，一般厚度宜为：乔木 1.2m～1.5m，灌木 0.6m～0.9m，地被及草坪 0.2m～0.4m。

配建绿地应以乔木为主，乔、灌、草复层绿化组合配置，并充分考虑场地冬季日照和夏季遮阴的需求，宜场地绿化、屋顶绿化、垂直绿化、沿口绿化、棚架绿化等多层次种植。现行上海市工程建设规范《公共建筑绿色设计标准》DGJ 08－2143 和《立体绿化技术规程》DG/TJ 08－75 对垂直绿化形式作了明确规定。选用墙面攀爬或墙面贴植形式的，应充分利用周边绿地进行栽植。应避免绿化对建筑采光通风日照的影响，墙面攀爬或墙面贴植宜设置在开窗少、夏季阳光辐射大的东、西侧外墙。

【评价方式】

1 预评价：查阅相关设计文件（含景观总平面图、景观设计说明、种植平面图、屋顶绿化平面图、垂直绿化种植图等）、苗木表。

2　竣工评价：查阅景观竣工图，必要时现场核查。

3　运行评价：查阅景观竣工图，并现场核实。

8.1.4　本条适用于各类民用建筑的预评价、竣工评价和运行评价。

根据《上海市海绵城市专项规划（2016－2035 年）》，规划至 2020 年，本市建成约 200km^{2}海绵城市区域；至 2035 年，全市城镇建成区范围内 80%的区域达到海绵城市建设要求。规划选定海绵城市近期建设试点区域 64 片，总面积约 350km^2，其中 200km^{2}将于 2020 年完成海绵城市建设。在本市郊区新城、六大重点功能区域、五大转型区域、成片开发区域和郊野公园将全面落实海绵城市建设要求，建成区将结合旧区改造等多种改造工程因地制宜推进海绵城市建设。

场地竖向设计应符合现行国家标准《民用建筑设计统一标准》GB 50352、现行行业标准《城乡建设用地竖向规划规范》CJJ 83的规定。应以所在地上位城市总体规划和海绵城市规划为主要依据，与城镇排水防涝、河道水系、道路交通、城市绿地和环境保护等专项规划和设计相协调，综合运用滞、蓄、净、排、渗、用等多种措施，充分利用场地空间设置绿色雨水设施或灰色雨水设施，以绿为主，绿灰结合，有效落实上位规划中的海绵城市控制指标。

《上海市人民政府办公厅关于转发市住房城乡建设管理委制订的〈上海市海绵城市规划建设管理办法〉的通知》（沪府办〔2018〕42 号）第二、三章，对本市行政辖区内新、改、扩建建设项目在立项、规划条件、土地出让、设计管理、施工图审查、建设管控、竣工验收和移交管理等各个阶段的海绵城市规划建设提出了具体规定。

《上海市建设项目设计文件海绵专篇（章）编制深度（试行）》（沪建综规〔2019〕426 号）规定用地面积大于 2 万 m^2 或有海绵城市示范要求的建筑与小区项目应进行海绵专篇（章）设计文件编

制，并明确了海绵城市建设的设计说明、设计图纸、计算报告等方面的深度要求。

【评价方式】

1 预评价：查阅相关设计文件（场地竖向设计）、海绵城市专项设计或方案、年径流总量控制率和年径流污染控制率计算报告等。

2 竣工评价：查阅相关竣工图、年径流总量控制率和年径流污染控制率计算报告，检查海绵设施与计算报告一致性，必要时现场核查。

3 运行评价：查阅相关竣工图、年径流总量控制率和年径流污染控制率计算报告、管理制度、工作记录、分析报告，检查海绵设施与计算报告一致性，并现场核实。

8.1.5 本条适用于各类民用建筑的预评价、竣工评价和运行评价。

国家标准《公共建筑标识系统技术规范》GB/T 51223—2017 第 2.0.3 条规定，"标识"是"在公共建筑空间环境中，通过视觉、听觉、触觉或其他感知方式向使用者提供导向与识别功能的信息载体"；第 2.0.4 条规定，"公共建筑标识系统"是"服务于公共建筑的全部标识总称"。标识系统包括导向标识系统和非导向标识系统。导向标识系统由通行导向标识系统、服务导向标识系统和应急导向标识系统等构成。无障碍标识系统属于导向标识系统。

建筑用地红线范围内的室外和室内空间均应进行标识系统的专项设计。应根据现行国家标准《公共建筑标识系统技术规范》GB/T 51223、《安全标志及其使用导则》GB 2894、《应急导向系统　设置原则与要求》GB/T 23809、《消防应急照明和疏散指示系统技术标准》GB 51309，以及《公共信息导向系统 导向要素的设计原则与要求　第 1 部分：总则》GB/T 20501.1、《公共信息导向系统 导向要素的设计原则与要求　第 2 部分：位置标志》GB/T

20501.2、《公共信息导向系统 导向要素的设计原则与要求 第3部分:平面示意图》GB/T 20501.3、《公共信息导向系统 导向要素的设计原则与要求 第6部分:导向标志》GB/T 20501.6等的规定,遵循“适用、安全、协调、通用”的基本原则,设计、安装具有安全防护的警示和引导标识系统,相关工作应与室内外装修设计、施工同步进行。

【评价方式】

1 预评价:查阅相关设计文件(含标识系统设计等)。

2 竣工评价:查阅相关竣工图(含标识系统设计等),必要时现场核查。

3 运行评价:查阅相关竣工图(含标识系统设计等),并现场核实。

8.1.6 本条适用于各类民用建筑的预评价、竣工评价和运行评价。

建筑场地内不应存在未达标排放或者超标排放的气态、液态或固态的污染源,例如:易产生噪声的运动和营业场所,油烟未达标排放的厨房,煤气或工业废气超标排放的燃煤锅炉房,污染物排放超标的垃圾堆等。若有污染源,应积极采取相应的治理措施并达到无超标污染物排放的要求。

对纳入环境保护部《建设项目环境影响评价分类管理名录》的建设项目,应严格按照环境影响评估报告书(表)的结论,针对污染因子、生态影响因子特征及其所处环境的敏感性质和敏感程度,积极采取相应治理措施,场地内的气态、液态或固态污染物不得未达标排放或者超标排放。

对根据国家及本市环境保护相关政策,不纳入本市建设项目环评管理的项目,应严格遵守国家及本市环境保护法律、法规、标准和有关技术规范要求,积极采取相应治理措施,确保污染物达标排放,并接受各级生态环境主管部门的日常监督管理。

【评价方式】

1 预评价：查阅相关设计文件（含体现相关污染源所在位置及其控制措施的建筑总平面图等）、环评报告书（表）、场地内各类污染源及其控制措施分析报告（不纳入本市建设项目环评管理的项目）。

2 竣工评价：查阅相关竣工图、环评报告书（表）、场地内各类污染源及其控制措施分析报告（不纳入本市建设项目环评管理的项目）、各类污染物检测报告（废水、废气和固体废弃物等），必要时现场核查。

3 运行评价：查阅相关竣工图、环评报告书（表）、场地内各类污染源及其控制措施分析报告（不纳入本市建设项目环评管理的项目）、各类污染物检测报告（废气、废水、固体废弃物等）、各类污染防治措施现场照片，并现场核实。

8.1.7 本条适用于各类民用建筑的预评价、竣工评价和运行评价。

项目应根据《上海市生活垃圾管理条例》和所在地贯彻落实《上海市生活垃圾管理条例》推进全程分类体系建设的实施方案等规定，科学合理设置生活垃圾分类收集容器、垃圾房和垃圾收集站。

垃圾收集容器、垃圾房和垃圾收集站的设置应符合垃圾分类投放需要，应考虑建筑布局、环境卫生、风向影响、与周围绿化景观相协调，密闭并相对位置固定，方便生活垃圾投放、收集人员和车辆的操作。

垃圾房和垃圾收集站内的主要通道应符合进站车辆最大宽度、最高高度及荷载要求。

【评价方式】

1 预评价：查阅相关设计文件（含环境卫生设计说明、垃圾收集容器、垃圾房及垃圾收集站布置图等）。

2 竣工评价：查阅相关竣工图，必要时现场核查。

3 运行评价：查阅相关竣工图、管理制度、工作记录，并现场核实。

8.2 评分项

Ⅰ 场地生态与景观

8.2.1 本条适用于各类民用建筑的预评价、竣工评价和运行评价。

项目开发时，应对场地内的地形和可利用的资源进行勘察，充分利用原有地形地貌进行场地设计以及建筑、生态景观的布局，尽量减少土石方量，减少开发建设过程对场地及周边环境生态系统的改变，包括原有植被、水体、地表行泄洪通道、滞蓄洪坑塘洼地等。在建设过程中确需改造场地内的地形、地貌、水体、植被等时，应在工程结束后及时采取生态复原措施，减少对原场地环境的改变和破坏。场地内外生态系统保持衔接，形成连贯的生态系统，更有利于生态建设和保护。

第1款，应以所在地上位城市总体规划和海绵城市规划为主要依据，根据场地内原有自然水域的水文条件、岸滩结构等现状，完善水体网络，提高水环境容量，增加水体流动性。对污染严重的水体，要采取物理、化学和生物相结合的综合净化措施，逐步消除水体的污染物。确需改造场地内水体的，宜采用生态驳岸、生态浮岛等生态补偿措施。增加本地生物生存活动空间，充分利用水生动植物的水质自然净化功能，保障水体水质。

场地内部水系应贯通，并与周边水系相连接，确保水体正常交换。在内部水系与周边水系相连接的进水口和出水口处建造水闸，对总体水量和水体交换进行控制。水流动力应尽可能利用潮汐、降雨季节变化等自然力量进行。场地内、外的陆域植被和水域植被，应按照层次和结构进行连贯。其中，陆域植被含乔木、灌木与地面草本，水域植被含挺水、浮水、飘浮和沉水植物。

第2款，表层土含有丰富的有机质、矿物质和微量元素，适合植物和微生物的生长，有利于生态环境的恢复。对于场地内未受污染的净地表层土进行保护和回收利用是土壤资源保护、维持生物多样性的重要方法。

第3款，应以所在地上位总体规划为主要依据，根据场地内原有湿地、原有植被的特点，合理搭配设计植物群落，恢复植物多样性。根据水质、水文、光照、土壤等条件，确定植物群落中每种植物的规格及种植密度。确需改造场地内原有湿地、原有植被的，宜采用复层绿化等生态补偿措施。在场地内规划设计多样化的生态体系，如湿地系统、乔灌草复合绿化体系、结合多层空间的立体绿化系统等，为本土动物提供生物通道和栖息场所。

【评价方式】

1 预评价：查阅场地原有地形图（体现场地开发前的原有地形地貌）、相关设计文件（带地形的规划设计图、总平面图、竖向设计图、景观设计总平面图等）、植被保护方案（包括保留场地内全部原有中龄期以上的乔木等）、水面保留方案、表层土利用方案（包括表层土回收计划或方案、表层土收集利用量计算书等）。

2 竣工评价：查阅相关竣工图、生态补偿方案（植被保护方案及记录、水面保留方案、表层土利用相关图纸或说明文件等）、施工记录、影像材料（水体和植被修复改造、表层土收集利用过程照片等），必要时现场核查。

3 运行评价：查阅相关竣工图、生态补偿方案及附图、管理制度、工作记录、分析报告，现场核查规划。

8.2.2 本条适用于各类民用建筑的预评价、竣工评价和运行评价。

乔木规格应符合现行行业标准《园林绿化木本苗》CJ/T 24的规定。

关于居住街坊内集中绿地，现行国家标准《城市居住区规划设计标准》GB 50180规定：新区建设不应低于0.50m^2/人，旧区改建不应低于 0.35m^2/人；宽度不应小于 8m；在标准的建筑日照阴影线范围之外的绿地面积不应少于 1/3，其中应设置老年人、儿童活动场地。

《上海市城市总体规划（2017－2035 年）》要求按照地区公园（不小于 4hm^2）2hm^2、社区公园（不小于 0.3hm^2）500m 的服务半径推进公园建设；加快公园绿地服务半径未覆盖地区的规划绿地实施，通过产业社区转型新增绿地空间；同时针灸式新增微型公园，建设完善 5min～10min 步行可达的绿地系统。至 2035 年，人均公园绿地面积力争达到 13m^2 以上。可考虑在大量小型地块密集的地区，在市政道路围合的多个地块间，通过规划控制导则，将各地块附属绿地集中整合，统一布局，共同形成一个公共开放绿地（地区公园绿地、社区公园、微型公园等），公共开放空间的面积由各地块分担。据此，本条适当减小了绿地率比规划指标提高幅度。

【评价方式】

1 预评价：查阅相关设计文件（含建筑总平面图、景观总平面图、景观设计说明、种植平面图）、日照阴影图、人均集中绿地面积计算书、场地外公共开放绿地说明及附图。

2 竣工评价：查阅相关竣工图、日照阴影图、人均集中绿地面积计算书、场地外公共开放绿地说明及附图，必要时现场核查。

3 运行评价：查阅相关竣工图、日照阴影图、人均集中绿地面积计算书、场地外公共开放绿地说明及附图，并现场核实。

8.2.3 本条适用于各类民用建筑的预评价、竣工评价和运行评价。

场地范围内严格禁烟的项目，直接得 10 分。

国家标准《绿色建筑评价标准》GB/T 50378－2019 第 8.2.4 条第 1 款要求“室外吸烟区布置在建筑主出入口的主导风的下风向，与所有建筑出入口、新风进气口和可开启窗扇的距离不少于 8m，且距离儿童和老人活动场地不少于 8m”。

室外吸烟区的导向标识、警示标识的最远距离与标识本体的尺寸应符合现行国家标准《公共建筑标识系统技术规范》GB/T 51223、《公共信息导向系统　导向要素的设计原则与要求　第1部分:总则》GB/T 20501.1、《公共信息导向系统　导向要素的设计原则与要求　第2部分:位置标志》GB/T 20501.2的规定。

【评价方式】

1　预评价:查阅相关设计文件(含建筑总平面图、含吸烟区布置的景观施工图、标识系统设计等)。

2　竣工评价:查阅相关竣工图(含建筑总平面图、含吸烟区布置的景观竣工图、标识系统设计等),必要时现场核查。

3　运行评价:查阅相关竣工图,管理制度、工作记录,并现场核实。

8.2.4　本条适用于各类民用建筑的预评价、竣工评价和运行评价。

本条参考现行国家标准《环境空气质量标准》GB 3095、《恶臭污染排放标准》GB 14554、现行行业标准《生活垃圾收集站技术规程》CJJ 179和现行上海市工程建设规范《压缩式生活垃圾收集站设置标准》DG/TJ 08—402的规定,并结合《上海市生活垃圾管理条例》的总体要求,生活垃圾收集站及垃圾房应设置通风、除尘、除臭、隔声等环境保护设施,以及设置消毒、杀虫、灭鼠等装置。生活垃圾收集站及垃圾房应设置垃圾桶清洗装置,垃圾收集箱应密封可靠,收集、运输过程中无污水滴漏。

【评价方式】

1　预评价:查阅相关设计文件(含环境卫生设计说明、垃圾收集站及垃圾房布置图等)。

2　竣工评价:查阅相关竣工图(含环境卫生设计说明、垃圾收集站及垃圾房布置图等),必要时现场核查。

3　运行评价:查阅相关竣工图(含环境卫生设计说明、垃圾收集站及垃圾房布置图等)、管理制度、工作记录,并现场核实。

Ⅱ 海绵城市

8.2.5 本条适用于各类民用建筑的预评价、竣工评价和运行评价。

根据《上海市人民政府办公厅关于转发市住房城乡建设管理委制订的〈上海市海绵城市规划建设管理办法〉的通知》(沪府办〔2018〕42 号)的要求，海绵城市相关设施与主体工程同步规划、同步设计、同步建设、同时使用。

海绵城市设计应以所在地上位城市总体规划和海绵城市规划为主要依据，与城镇排水防涝、河道水系、道路交通、城市绿地和环境保护等专项规划和设计相协调，综合运用滞、蓄、净、排、渗、用等多种措施，充分利用场地空间设置绿色雨水设施或灰色雨水设施，以绿为主，绿灰结合，有效落实上位规划中的年径流总量控制率指标。现行上海市工程建设规范《海绵城市建设技术标准》DG/TJ 08－2298 对于年径流总量控制率与设计雨量的关系进行了相关规定，可以作为本条参照。

【评价方式】

1 预评价：查阅相关设计文件(含规划批复文件、地形图、岩土工程勘察报告、总平面设计图)、场地竖向设计、海绵城市专项设计或方案、年径流总量控制率计算报告及附图等。

2 竣工评价：查阅相关竣工图、年径流总量控制率报告及附图，检查海绵设施与计算报告一致性，必要时现场核查。

3 运行评价：查阅相关竣工图、年径流总量控制率计算报告及附图、管理制度、工作记录、分析报告，检查海绵设施与计算报告一致性，并现场核实。

8.2.6 本条适用于各类民用建筑的预评价、竣工评价和运行评价。

根据《上海市人民政府办公厅关于转发市住房城乡建设管理委制订的〈上海市海绵城市规划建设管理办法〉的通知》(沪府办

〔2018〕42 号)的要求,海绵城市相关设施与主体工程同步规划、同步设计、同步建设、同时使用。

项目开发建设应以所在地上位城市总体规划和海绵城市规划为主要依据,与城镇排水防涝、河道水系、道路交通、城市绿地和环境保护等专项规划和设计相协调,综合运用滞、蓄、净、排、渗、用等多种措施,充分利用场地空间设置绿色雨水设施或灰色雨水设施,以绿为主,绿灰结合,有效落实上位规划中的年径流污染控制率(以 *SS* 计)指标。

【评价方式】

1 预评价:查阅相关设计文件(含规划批复文件、地形图、岩土工程勘察报告、总平面设计图)、场地竖向设计、海绵城市专项设计或方案、年径流污染控制率计算报告及附图等。

2 竣工评价:查阅相关竣工图、年径流污染控制率报告及附图,检查海绵设施与计算报告一致性,必要时现场核查。

3 运行评价:查阅相关竣工图、年径流污染控制率计算报告及附图、管理制度、工作记录、分析报告,检查海绵设施与计算报告一致性,并现场核实。

8.2.7 本条适用于各类民用建筑的预评价、竣工评价和运行评价。

第 1 款,利用场地内的水塘、湿地、低洼地等作为雨水调蓄设施,或利用场地内设计景观(如景观绿地、旱溪和景观水体)来调蓄雨水,可实现有限土地资源综合利用的目标。能调蓄雨水的景观绿地包括下凹式绿地、雨水花园、树池、干塘等。

第 2 款,屋面雨水和道路雨水是建筑场地产生径流的重要源头,易被污染并形成污染源,故宜合理引导其进入地面生态设施进行调蓄、下渗和利用,并采取相应截污措施。地面生态设施是指下凹式绿地、植草沟、树池等,即在地势较低的区域种植植物,通过植物截流、土壤过滤滞留处理小流量径流雨水,达到控制径流污染的目的。洗衣废水若排入绿地,将危害植物的生长,物业应定期检查并杜绝阳台洗衣废水接入雨水管的情况发生。

第3款，雨水下渗也是消减径流和径流污染的重要途径之一。“硬质铺装地面”指场地中停车场、道路和室外活动场地等，不包括建筑占地(屋面)、绿地、水面等。“透水铺装”指既能满足路用及铺地强度和耐久性要求，又能使雨水通过本身与铺装下基层相通的渗水路径直接渗入下部土壤的地面铺装系统，包括采用透水铺装方式或使用植草砖、透水沥青、透水混凝土、透水地砖等透水铺装材料。当透水铺装下为地下室顶板时，若地下室顶板设有疏水板及导水管等可将渗透雨水导入与地下室顶板接壤的实土，或地下室顶板上覆土深度能满足当地园林绿化部门要求时，仍可认定其为透水铺装地面，但覆土深度不得小于600mm。评价时，以场地硬质铺装地面中透水铺装所占的面积比例为依据。申报材料中应提供场地铺装图，要求明确透水铺装地面位置、面积、铺装材料和透水铺装方式。

【评价方式】

1 预评价：查阅相关设计文件(含规划批复文件、地形图、岩土工程勘察报告、总平面设计图)、场地竖向设计、海绵城市专项设计或方案、年径流总量控制率和年径流污染控制率计算报告及附图等。

2 竣工评价：查阅相关竣工图、年径流总量控制率和年径流污染控制率计算报告及附图，检查海绵设施与计算报告一致性，必要时现场核查。

3 运行评价：查阅相关竣工图、年径流总量控制率和年径流污染控制率计算报告及附图、管理制度、工作记录、分析报告，检查海绵设施与计算报告一致性，并现场核实。

Ⅲ 室外物理环境

8.2.8 本条适用于各类民用建筑的预评价、竣工评价和运行评价。

现行国家标准《声环境质量标准》GB 3096 中对各类声环境功能区的环境噪声等效声级限值进行了规定，见表 6。

表 6　各类声环境功能区的环境噪声等效声级限值　　单位：dB(A)

<table>
<tr><th colspan="2" rowspan="2">声环境功能区类别</th><th colspan="2">时段</th></tr>
<tr><th>昼间</th><th>夜间</th></tr>
<tr><td colspan="2">0 类</td><td>50</td><td>40</td></tr>
<tr><td colspan="2">1 类</td><td>55</td><td>45</td></tr>
<tr><td colspan="2">2 类</td><td>60</td><td>50</td></tr>
<tr><td colspan="2">3 类</td><td>65</td><td>55</td></tr>
<tr><td rowspan="2">4 类</td><td>4a 类</td><td>70</td><td>55</td></tr>
<tr><td>4b 类</td><td>70</td><td>60</td></tr>
</table>

本条评价时，仅考虑室外环境噪声对人的影响，不考虑建筑所处的声环境功能分区，项目应尽可能地采取措施来实现环境噪声控制。本条既可以通过合理选址规划来实现，也可以通过设置植物防护等方式对室外场地的超标噪声进行降噪处理实现。

【评价方式】

1　预评价：查阅环评报告（含有噪声检测）或独立的环境噪声影响测试评估报告、室外声环境模拟评估报告、室外声环境优化报告（噪声监测或模拟分析不满足得分要求时提供），以及场地交通组织、规划总平面图、景观总平面图等设计文件，道路声屏障、低噪声路面等降噪施工图纸文件。

2　竣工评价：查阅相关竣工图、声环境检测报告，必要时现场核查。

3　运行评价：查阅相关竣工图、声环境检测报告，并现场核实。

8.2.9　本条适用于各类民用建筑的预评价、竣工评价和运行评价。

非玻璃幕墙建筑，第 1 款直接得 5 分；不设室外夜景照明，第

2 款直接得分。

建筑物光污染包括建筑反射光、夜间的室外夜景照明以及广告照明等造成的光污染。光污染会让人感到不舒服，还会使人降低对灯光信号等重要信息的辨识力，甚至带来道路安全隐患。

光污染控制对策包括降低建筑物表面（玻璃和其他材料、涂料）的可见光反射比，合理选配照明器具，采取防止溢光措施等。现行上海市建设工程规范《建筑幕墙工程技术规程》DGJ 08－56 和《上海市建筑玻璃幕墙管理办法》（上海市人民政府令第 77 号）对建筑设置玻璃幕墙提出了严格的规定和限制，住宅、医院门诊急诊楼和病房楼、中小学校教学楼、托儿所、幼儿园、养老院的新建、改建、扩建工程以及立面改造工程，不得在 2 层以上采用玻璃幕墙。其他建筑采用玻璃幕墙应进行反射光环境影响评价。玻璃幕墙光污染计算分析专项报告的格式和主要内容应符合现行行业标准《民用建筑绿色性能计算标准》JGJ/T 449 的相关规定。

室外夜景照明设计应满足现行国家标准《室外照明干扰光限制规范》GB/T 35626 和现行行业标准《城市夜景照明设计规范》JGJ/T 163 中关于光污染控制的相关要求，以及现行上海市地方标准《城市环境（装饰）照明规范》DB31/T 316 中室外照明相关环境影响要求，并在景观照明设计图纸中体现。夜景照明设施及亮灯模式应同时满足《上海市景观照明总体规划》等相关规定。

【评价方式】

1 预评价：第 1 款查阅玻璃幕墙光反射分析专项报告、玻璃幕墙施工图等设计文件；第 2 款查阅室外夜景照明光污染分析报告、灯具的光度检验报告、夜景照明设计方案（含计算书）、景观照明施工图等设计文件。

2 竣工评价：查阅建筑、幕墙及照明竣工验收文件。第 1 款还应查阅玻璃幕墙光反射分析专项报告、玻璃的光学性能检验报告及其进场复验报告；第 2 款还应查阅室外夜景照明光污染分析报告、灯具的光度检验报告及其进场复验报告，必要时现场核查。

3 运行评价：查阅竣工验收文件。第1款还应查阅玻璃幕墙光反射分析专项报告、玻璃的光学性能检验报告及其进场复验报告；第2款还应查阅室外夜景照明光污染分析报告、灯具的光度检验报告及其进场复验报告，核实夜景照明的亮灯控制相关资料，并现场核实。

8.2.10 本条适用于各类民用建筑的预评价、竣工评价和运行评价。

若只有一排建筑，本条第1款第2项直接得分。对于有半下沉室外空间、屋顶或裙房上人区的，本条也需对相对人行区高度进行评价。

本条人行区是指区域范围内功能或主要功能可供行人通行和停留的场所。冬季建筑物周围人行区距地1.5m高处风速小于5m/s是不影响人们正常室外活动的基本要求。建筑的迎风面与背风面风压差不超过5Pa，可以减少冷风向室内渗透。建筑的迎风面和背风面压差有助于建筑的自然通风，但对于开口大小灵活多变的建筑，建筑室内并非总是0Pa，因此规定建筑的最小风压差为0.5Pa。

由于城市规模越来越大，诸多发达国家和发达城市均对风环境优化、减少风害进行了规定，并要求在设计阶段就必须提供相应的分析报告并据此优化风环境。本条主要依据CFD（计算流体力学）技术对不同季节典型风向、风速下建筑外风环境进行模拟，模拟结果应包括以下内容以分析风环境关键性能：

1 不同季节、不同来流风条件下，场地内1.5m高处的风速分布。

2 不同季节、不同来流风条件下，冬季室外活动区的风速放大系数。

3 不同季节、不同来流风条件下，建筑首层及以上典型楼层迎风面与背风面（或主要开窗面）表面的压力分布。

计算的边界条件在有实测的边界条件数据或所在区域气象

参数标准时，应以实测数据或所在区域最新的气象参数标准为准。

【评价方式】

1 预评价：查阅项目总平面图、景观绿化及含园建总平面图等设计文件，室外风环境模拟计算分析报告，场地周边建筑物的实景影像资料。

2 竣工评价：查阅预评价方式涉及的竣工验收文件，室外风环境模拟计算分析报告，本项目及场地周边建筑物的实景影像资料，必要时现场核查。

3 运行评价：查阅预评价方式涉及的竣工验收文件，室外风环境模拟计算分析报告，本项目及场地周边建筑物的实景影像资料，并现场核实。

8.2.11 本条适用于各类民用建筑的预评价、竣工评价和运行评价。

“热岛”现象在夏季出现，不仅会使人们高温中暑的概率变大，同时还容易形成光化学烟雾污染，并增加建筑的空调能耗，给人们的生活和工作带来负面影响。室外硬质地面采用遮阴措施可有效降低室外活动场地地表温度，减少热岛效应，提高场地热舒适度。

第1款主要针对住宅建筑。住宅建筑一般无屋顶绿化，因此重点关注场地上的建筑自遮阴和其他遮阴措施的总面积。

第2款主要面向公共建筑。上海公共建筑的屋顶已逐步成为城市的第5立面，其舒适性也应当重点关注。

具体计算评估时，应注意以下要求：

① 建筑阴影区为夏至日8:00—16:00时段在4h日照等时线内的区域。

② 乔木遮阴面积按照成年乔木的树冠正投影面积计算；构筑物遮阴面积按照构筑物正投影面积计算。

③ 上述第①项和第②项不重复计算。

④ 计算比例的分母应当是所述对象的总面积，而非项目红线面积。

⑤ 室外活动场地不包括机动车道和机动车停车场。

【评价方式】

1 预评价：第 1 款查阅规划总平面图、乔木种植平面图、乔木苗木表等设计文件，日照分析报告，户外活动场地遮阴面积比例计算书；第 2 款查阅项目场地内道路交通组织、路面构造做法大样等设计文件，机动车道遮阴比例计算书；公共建筑第 3 款查阅屋面施工图、屋面设施平面布置图、做法大样等设计文件，屋面遮阴比例计算书。

2 竣工评价：查阅规划、景观竣工验收文件，第 1 款还应查阅日照分析报告，户外活动场地遮阴面积比例计算书；第 2 款还应查阅机动车道遮阴比例计算书；公共建筑第 3 款还应查阅屋面遮阴比例计算书，必要时现场核查。

3 运行评价：查阅规划、景观竣工验收文件，第 1 款还应查阅日照分析报告，户外活动场地遮阴面积比例计算书；第 2 款还应查阅机动车道遮阴比例计算书；公共建筑第 3 款还应查阅屋面遮阴比例计算书，并现场核实。

9 提高与创新

9.1 一般规定

9.1.1 绿色建筑全寿命期各环节和阶段，都有可能在技术、产品选用和管理方式上进行性能提高和创新。本标准本次修订增设了相应的评价项目，比照“控制项”和“评分项”，本标准将此类评价项目称为“加分项”。

9.1.2 加分项的评定结果为某得分或不得分。考虑到与总得分要求的平衡，以及加分项对建筑绿色性能的贡献，本标准对加分项得分作了最高 100 分的限制。某些加分项是对前面章节评分项的提高，符合条件时，加分项和相应评分项均可得分。

9.2 加分项

9.2.1 本条适用于各类民用建筑的预评价、竣工评价和运行评价。

行业标准《民用建筑绿色设计规范》JGJ/T 229－2010 第3.0.3条指出，我国地域辽阔，不同地区的气候、地理环境、自然资源、经济发展与社会习俗等都存在差异，因此绿色建筑的设计应注重地域性特点，因地制宜、实事求是，充分分析建筑所在地域的气候、资源、自然环境、经济、文化等特点，考虑各类技术的适用性，特别是技术的本土适宜性。设计时，应因地制宜、因势利导地控制各类不利因素，有效利用对建筑和人的有利因素，以实现极具上海地域特色的绿色建筑风貌设计。绿色建筑设计还可吸收传统建筑中适应生态环境、符合绿色建筑要求的设计元素、方法乃至建筑形式，采用传统技术、本土适宜技术实现具有上海地区特色的建筑文化传承。

根据《国务院关于上海市城市总体规划的批复》(国函〔2017〕147 号)中对塑造城市特色风貌的要求，应“坚持社会主义核心价值体系，进一步挖掘上海城市丰富的文化内涵，延续历史文脉，留住城市记忆，激发城市文化创新创造活力，提升城市软实力和吸引力。落实历史文化遗产保护和紫线管理要求，完善城市、镇、村的保护层次和体系，强化对历史城区风貌格局的整体保护，加强对中共一大会址等各级文物保护单位、外滩近代建筑保护区等历史文化街区、历史建筑、工业遗产等的保护。做好城市设计，保护自然山水格局和城市肌理，加强对重要地段建筑高度、体量和样式的规划引导和控制，彰显自然、传统和现代有机交融，东西方文化相得益彰的城市特色。”根据崇明世界级生态岛发展“十三五”规划，崇明地区应按照充分体现中国元素、江南韵味、海岛特色的要求，调整完善控制性详细规划，加强城市设计，全域严格控制高层建筑，崇明岛新建建筑高度原则控制在 18m 以下，注重建筑空间的梯度和层次，促进建筑高度、密度、形态、色彩等形成和谐多元的整体风貌。

对于场地内的历史建筑进行保护和利用，也属于本条规定的传承地域建筑文化的范畴。目前，上海共有 1 058 处优秀历史建筑，覆盖 16 个区，并有一大批国家级和市级文物保护单位。为进一步加强法规支撑，《上海市历史文化风貌区和优秀历史建筑保护条例》已完成修订工作，并于 2019 年 9 月 26 日在上海市第十五届人民代表大会常务委员会第十四次会议获得通过，各类保留建筑将被赋予法律身份。

【评价方式】

1 预评价：查阅建筑专业施工图及设计说明等设计文件、专项分析论证报告。

2 竣工评价：查阅建筑竣工文件、专项分析论证报告、影像资料等其他相关材料，必要时现场核查。

3 运行评价：查阅建筑竣工文件、专项分析论证报告，并现场核实。

9.2.2 本条适用于各类民用建筑的预评价、竣工评价和运行评价。

第1款，在本标准评分项5.2.1的基础上进一步提升了要求，具体数值参考国际相关健康标准室内空气污染物浓度规定制定。预评价时，可仅对室内空气中的甲醛、苯、总挥发性有机物三类进行浓度预评估。除此之外，不论预评价或评价，不论项目是否全装修，均统一按本条要求执行。

第2款，根据上海地区全年室外空气湿度的分析提出的设计策略引导。上海地区地处长江中下游地区，根据气象数据研究发现，全年有30%以上的时间相对湿度超过80%，而过高的相对湿度会对敏感性人群产生消极的健康作用。依据现行国家标准《中等热环境PMV和PPD指数的测定及热舒适条件的规定》GB/T 18049推荐，将相对湿度维持在30%～70%限度，可减少潮湿或干燥对皮肤及眼睛的刺激，降低静电、细菌生长和呼吸性疾病的危害，有助于营造人体舒适和健康的室内空气湿度环境。

住宅建筑和公共建筑具有不同使用特征，可分别通过以下措施达到本款要求。

住宅建筑：设置集中新风系统或户式新风系统，并进行室外高湿情况下的新风除湿能力验算，确保仅开启新风时可以满足除湿的需要；为新风机或空调箱设置加湿段，并对加湿段在冬季采暖工况下的控制湿度能力进行验算，或者为建筑配备移动式除湿机或加湿器。

公共建筑：进行室外高湿情况下的新风除湿能力的验算，确保仅开启新风时可以满足除湿的需要；为新风机或空调箱设置加湿段，并对加湿段在冬季采暖工况下的控制湿度能力进行验算。

【评价方式】

1　预评价：查阅建筑设计文件、暖通设计图纸、机电设备表，建筑及装修材料使用说明（种类、用量），污染物浓度预评估分析报告，除湿、加湿计算报告等。

2　竣工评价：查阅建筑、暖通、装修竣工文件，建筑及装修材料使用说明（种类、用量），污染物浓度预评估分析报告和室内空气质量验收检测报告、室内颗粒物浓度计算报告，除湿、加湿计算报告，相关产品采购技术规格书、调试报告等，必要时现场核查。

3　运行评价：查阅污染物浓度和室内颗粒物浓度现场检测报告、温湿度采集记录，并现场核实。

9.2.3　本条适用于各类民用建筑的预评价、竣工评价和运行评价。

本条所指的“尚可使用的旧建筑”系指建筑质量能保证使用安全的旧建筑，或通过少量改造加固后能保证使用安全的旧建筑。虽然目前多数项目为新建，且多为净地交付，项目方很难有权选择利用旧建筑。但仍需对利用“尚可使用的旧建筑”的行为予以鼓励，防止大拆大建。对于一些从技术经济分析角度不可行，但出于保护文物或体现风貌而留存的历史建筑，不在本条中得分。

【评价方式】

1　预评价：查阅相关设计文件（含建筑、结构等专业施工图、环境影响评估报告、旧建筑检测报告及利用专项报告等）。

2　竣工评价：查阅建筑竣工图（或竣工验收报告）、环境影响评估报告、旧建筑利用专项报告、有关检测报告等，必要时现场核查。

3　运行评价：查阅建筑竣工图、环境影响评估报告、旧建筑利用专项报告、有关检测报告等，并现场核实。

9.2.4　本条适用于各类民用建筑的预评价、竣工评价和运行评价。

1　对于住宅建筑

1）预评价及竣工评价阶段应计算建筑的供暖空调和照明系统能耗，并进行比较，即根据现行上海市工程建设规范《居住建筑节能设计标准》DGJ 08－205 中节能参数要求，分别计算设计建筑及满足上海市现行建筑节能设计标准规定的参照建筑供暖空调能耗和照明系统能耗，计算其节能率并进行得分判定。如本市节能设计标准中未提及相关参数设置及计算方法时（如设计建筑与参照建筑系统形式的选择等），可参考行业标准《民用建筑绿色性能计算标准》JGJ/T 449－2018 中第 5.3 节的相关设置要求。

2）运行评价主要评价建筑围护结构、冷热源设备参数、照明功率密度等是否符合能耗分析计算中参数设置要求。

2　对于公共建筑

1）预评价及竣工评价阶段应计算建筑的供暖空调和照明系统能耗，并进行比较，即根据现行上海市工程建设规范《公共建筑节能设计标准》DGJ 08－107 中节能参数要求，分别计算设计建筑及满足本市现行建筑节能设计标准规定的参照建筑供暖空调能耗和照明系统能耗，计算其节能率并进行得分判定。如本市节能设计标准中未提及相关参数设置及计算方法时（如设计建筑与参照建筑系统形式的选择、热回收系统的设置、冷却水系统设置等），可参考行业标准《民用建筑绿色性能计算标准》JGJ/T 449－2018 中第 5.3 节的相关设置要求。

2）运行评价，本条要求建筑实际能耗与现行本市合理用能指南中规定的约束值进行比较，根据建筑实际运行能耗低于约束值的百分比进行节能率得分判断。需要说明的是，当建筑运行后实际人数、小时数等参数和本市现行合理用能指南中的约束值不同时，应对建筑实际能耗进行修正，具体的修正办法参考现行本市合理用能指南。

目前本市现行合理用能指南主要包括：《星级饭店建筑合理用能指南》DB31/T 551、《综合建筑合理用能指南》DB31/T 795、《高等学校建筑合理用能指南》DB31/T 783、《机关办公建筑合理用能指南》DB31/T 550、《大型商业建筑合理用能指南》DB31/T 552、《市级医疗机构建筑合理用能指南》DB31/T 553、《大型公共文化设施建筑合理用能指南》DB31/T 554、《大中型体育场馆建筑合理用能指南》DB31/T 989 等。

【评价方式】

1 预评价：查阅相关设计文件（暖通、电气、内装专业施工图纸及设计说明）、建筑能耗模拟计算书。

2 竣工评价：查阅暖通、电气、内装竣工图，建筑能耗模拟计算书、机电系统运行调试记录等，必要时现场核查。

3 运行评价：查阅相关竣工图、机电系统运行调试记录、建筑运行能耗统计数据等，并现场核实。

9.2.5 本条适用于各类民用建筑的预评价、竣工评价和运行评价。

未设置景观水体的项目，本条不得分。

上海地区的气候温度适宜开展此技术，将其作为加分项。

本标准第 7.2.15 条评分项是本条创新项的评价前提。

本条旨在鼓励将景观水体的设计与海绵城市理念相结合，充分发挥其调蓄雨水的功能，主要调蓄项目红线范围内景观水体周边的雨水。

为了将景观水体的设计与海绵城市理念相结合，充分发挥其调蓄雨水的功能，主要调蓄项目红线范围内，景观水体周边的雨水。景观水体面积不宜小于 $100m^2$，原则上有效调节深度不小于 0.2m，且调节容积应在 24h～48h 内排空。有条件情况下，景观水体的有效汇水范围宜达到其面积的 8 倍以上。景观水体内需设溢水口，超过调蓄能力的雨水排入市政管网中。

景观水体的水质保障应采用生态水处理技术，利用水生动、植物，调节水生态系统的结构，对水中污染物进行转移、转化及降解作用，从而保障室外景观水体水质。简单来说，就是模拟生态系统的结构，对食物链中的生物进行合理配置，从而使食物链中各个生物之间能相辅相成，使整个生态系统越来越稳定，最终达到净化水质的目的。一个完整的生态系统必须要有稳定的生产者、消费者、分解者。水生植物就是景观水体当中的生产者，水生动物就是景观水体当中的消费者，微生物就是分解者。

通过采用非硬质池底及生态驳岸，为水生动植物提供栖息条件，通过水生动植物对水体进行净化；必要时可采取其他辅助手段对水体进行净化，保障水体水质安全。常见的景观水体生态水处理技术有生态过滤、人工湿地、生态浮岛、微生物生态强化修复等技术。

【评价方式】

1 预评价：查阅相关设计文件（含总平面图、竖向图、汇水分区图、室外给排水施工图、水景详图等）、水量平衡计算书、景观水体生态水处理专项技术方案及设计说明。

2 竣工评价：查阅给排水、景观竣工图、水量平衡计算书，景观水体生态水处理专项技术方案及设计说明、景观水体水质检测报告，必要时现场核查。

3 运行评价：查阅相关竣工图、水量平衡计算书，景观水体全年逐月补水用水计量运行记录、水质检测报告，并现场核实。

9.2.6 本条适用于各类民用建筑的预评价、竣工评价和运行评价。

近几年，本市大力推广装配式建筑发展，根据上海市住房和城乡建设管理委员会《关于进一步明确装配式建筑实施范围和相关工作要求的通知》(沪建建材〔2019〕97 号)，要求 2016 年 4 月 1 日以后完成报建的新建建筑（除 5 种特殊情况外）单体预制率≥40%或单体装配率≥60%。《关于印发〈上海市建筑节能和绿色建筑示范项目专项扶持办法〉的通知》(沪建建材联〔2016〕432 号)提出了装配式建筑的较高指标要求:装配式建筑单体预制率应不低于 45%或装配率不低于 65%,且具有 2 项以上的创新技术应用。

本条作为提高与创新项,对接了本市对装配式建筑的高阶要求,具体计算方法参照《上海市装配式建筑单体预制率和装配率计算细则》(沪建建材〔2019〕765 号)。

【评价方式】

1 预评价:查阅结构专业设计说明、平立剖图、构件详图、节点详图、大样图、装配式建筑相关设计说明、预制率/装配率计算书等设计文件。

2 竣工评价:查阅预评价涉及的竣工文件、工程竣工质量报告、工程概况表、设计变更文件、预制率/装配率计算书等,必要时现场核查。

3 运行评价:查阅预评价涉及的竣工文件、工程竣工质量报告、工程概况表、设计变更文件、预制率/装配率计算书等,并现场核实。

9.2.7 本条适用于各类民用建筑的预评价、竣工评价和运行评价。

国家标准《建筑碳排放计算标准》GB/T 51366－2019 及行业标准《民用建筑绿色性能计算标准》JGJ/T 449－2018 均参照 LCA 理论方法,对于建材生产及运输、建造及拆除、运行各建设环节的碳排放计算进行了详细规定,内容涵盖了计算边界、计算方法、碳排放因子选用等方面,可供本条碳排放计算参考。

对于预评价项目,主要分析建筑的固有碳排放量,即建材生产及运输的碳排放。对于竣工评价项目,还应分析建造阶段的碳排放。建筑的固有碳排放量计算对象应包括建筑主体结构材料、建筑围护结构材料、建筑构件和部品等,且所选主要建筑材料的总重量不应低于建筑中所耗建材总重量的95%。对于运行评价项目，主要分析在标准运行工况下建筑运行产生的碳排放量，应根据各系统不同类型能源消耗量和不同类型能源的碳排放因子确定。计算范围应包括暖通空调、生活热水、照明及电梯、可再生能源在建筑运行期间的碳排放量。

【评价方式】

1 预评价：查阅建筑碳排放计算分析报告(含减排措施)。

2 竣工评价：查阅建筑碳排放计算分析报告，重点查看减排措施，必要时现场核查。

3 运行评价：查阅建筑碳排放计算分析报告，并现场核实减排措施。

9.2.8 本条适用于各类民用建筑的预评价、竣工评价和运行评价。

绿容率是指场地内各类植被叶面积总量与场地面积的比值。叶面积是生态学中研究植物群落、结构和功能的关键性指标，它与植物生物量、固碳释氧、调节环境等功能关系密切，较高的绿容率往往代表较好的生态效益。

为了合理提高绿容率，可优先保留场地原生树种和植被，合理配置叶面积指数较高的树种，提倡立体绿化，加强绿化养护，提高植被健康水平。绿化配置时避免影响低层用户的日照和采光。

本条的绿容率可采用如下简化计算公式：

绿容率＝[$\sum$ (乔木叶面积指数×乔木投影面积×乔木株数)＋灌木占地面积×3＋草地占地面积×1]/场地面积

冠层稀疏类乔木叶面积指数按2取值，冠层密集类乔木叶面积指数按4取值，乔木投影面积按苗木表数据进行计算，场地内的立体绿化均可纳入计算。

除以上简化计算方法外，鼓励有条件地区采用当地建设主管部门认可的常用植物叶面积调研数据进行绿容率计算。也可提供以实际测量数据为依据的绿容率测量报告，测量时间可为全年叶面积较多的季节。

【评价方式】

1 预评价：查阅景观设计文件（绿化种植平面图、苗木表等）、绿容率计算书。

2 竣工评价：查阅景观竣工图、绿容率计算书、相关证明材料，必要时现场核查。

3 运行评价：查阅相关竣工图、绿容率计算书或植被叶面积测量报告、相关证明材料，并现场核实。

9.2.9 本条适用于各类民用建筑的预评价、竣工评价和运行评价。

建筑信息模型（BIM）是建筑业信息化的重要支撑技术。BIM是在CAD技术基础上发展起来的多维模型信息集成技术。BIM是集成了建筑工程项目各种相关信息的工程数据模型，能使设计人员和工程人员能够对各种建筑信息做出正确的应对，实现数据共享并协同工作。

BIM技术支持建筑工程全寿命期的信息管理和应用。在建筑工程建设的各阶段支持基于BIM的数据交换和共享，可以极大地提升建筑工程信息化整体水平，工程建设各阶段、各专业之间的协作配合可以在更高层次上充分利用各自资源，有效地避免由于数据不通畅带来的重复性劳动，大大提高整个工程的质量和效率，并显著降低成本。因此，BIM中至少应包含规划、建筑、结构、给水排水、暖通、电气等6大专业相关信息。

《住房城乡建设部关于印发推进建筑信息模型应用指导意见的通知》（建质函〔2015〕159号）中明确了建筑的设计、施工、运行维护等阶段应用BIM的工作重点内容。其中，规划设计阶段主要包括：①投资策划与规划；②设计模型建立；③分析与优化；④设计成果审核。施工阶段主要包括：①BIM施工模型建立；②细化设计；③专业协调；④成本管理与控制；⑤施工过程管理；⑥质量安全监控；⑦地下工程风险管控；⑧交付竣工模型。运营维护阶段主要包括:①运营维护模型建立;②运营维护管理;③设备设施运行监控;④应急管理。评价时,规划设计阶段和运营维护阶段BIM分别至少应涉及2项重点内容应用,施工阶段BIM至少应涉及3项重点内容应用,方可得分。

一个项目不同阶段出现多个BIM模型,无法有效解决数据信息资源共享问题。因此,当在两个及以上阶段应用BIM时,应基于同一BIM模型开展,否则不认为在两个阶段应用了BIM技术。

评价时应重点关注以下内容:①满足国家和本市BIM技术应用有关的规定、标准、指南、导则、指导意见、实施要点;②BIM应用方案;③BIM应用在不同阶段、不同工作内容之间的信息传递和协同共享。

【评价方式】

1 预评价:查阅相关设计文件、BIM技术应用报告。

2 竣工评价:查阅相关竣工图、BIM技术应用报告,必要时现场核查。

3 运行评价:查阅相关竣工图、BIM运维记录,并现场核实。

9.2.10 本条适用于各类民用建筑的竣工评价和运行评价。

绿色施工是指在保证质量、安全等基本要求的前提下,以人为本,因地制宜,通过科学管理和技术进步,最大限度地节约资源,减少对环境负面影响的施工活动。上海市工程建设规范《建筑工程绿色施工评价标准》DG/TJ 08－2262－2018于2018年9月1日实施,可作为本条的评价依据。

绿色施工作为落实绿色设计和服务绿色运营的重要阶段,应关注绿色施工整体落实情况,本条根据绿色施工得分等级作为创新得分依据。《建筑工程绿色施工评价标准》DG/TJ 08－2262－2018第13.0.6规定,分数大于80且小于90,评定为银级;分数大于等于90分,评定为金级。

【评价方式】

1 预评价:本条不得分。

2 竣工评价:查阅项目绿色施工方案、施工过程影响资料等证明材料。

3 运行评价:查阅项目绿色施工证书等证明材料。

9.2.11 本条适用于各类民用建筑的预评价、竣工评价和运行评价。

建设工程质量潜在缺陷保险(Inherent Defect Insurance, IDI),是指由建设单位(开发商)投保的,在保险合同约定的保险范围和保险期限内出现的,由于工程质量潜在缺陷所造成的投保工程的损坏,保险公司承担赔偿保险金责任的保险。它由建设单位(开发商)投保并支付保费,保险公司为建设单位或最终的业主提供因房屋缺陷导致损失时的赔偿保障。建设工程保险在国际上已经是一种较为成熟的制度,比如法国的潜在缺陷保险(IDI)制度、日本的住宅性能保证制度等。

该保险是一套系统性工程,首先通过建立统一的工程质量潜在缺陷保险信息平台,将企业的诚信档案、承保信息、风险管理信息和理赔信息等录入,通过以上信息进行费率浮动,促使参建各方主动提高工程质量。同时,独立于建设单位和保险公司的第三方质量风险控制机构,从方案设计阶段介入,对勘察、设计、施工和竣工验收阶段全过程进行技术风险检查,提前识别风险,公平公正地监督工程质量,有效地降低质量风险。

该保险一般承保工程竣工验收之日起一定年限(主体结构一般为10年,防水保温一般为5年,其他一般为2年)之内因主体结构或装修设备构件存在缺陷发生工程质量事故而给消费者造成的损失,通过保险公司约束开发商必须对建筑质量提供一定年限的长期保证,当建筑工程出现了保证书中列明的质量问题时,通过保险机制保证消费者的权益。通过推行建设工程质量保险制度,提高建设工程质量的把控力度。

工程质量潜在缺陷责任保险的基本保险范围包括地基基础工程、主体结构工程以及防水工程和保温工程,对应本条第1款得分要求。根据既有调研数据，第 1 款保险范围也是最容易出现工程质量潜在缺陷的地方。除基本保险外，建设单位还可以投保附加险，其保险范围包括建筑装饰装修工程、建筑给水排水及供暖工程、通风与空调工程、建筑电气工程等，对应本条第 2 款得分要求。

【评价方式】

1 预评价：查阅建设工程质量保险产品投保计划，针对一些需要建设单位或设计单位在工程设计期间即预投一定保费的保险产品，可查阅其保险产品保单。

2 竣工评价：查阅建设工程质量保险产品保单，核查其约定条件和实施情况。

3 运行评价：查阅建设工程质量保险产品保单，并核实运行期间保险履行情况。

9.2.12 本条适用于各类民用建筑的预评价、竣工评价和运行评价。

绿色建筑的创新没有定式，凡是符合建筑行业绿色发展方向、绿色建筑定义理念，且未在本条之前任何条款得分的任何新技术、新产品、新应用、新理念，都可在本条申请得分。为了鼓励绿色建筑百家争鸣、百花齐放，本条允许同时申请 6 项创新。

项目的创新点应较大的超过相应指标的要求，或达到合理指标但具备显著降低成本或提高工效等优点。举例而言，场地雨水通过入渗、滞蓄、回用等低影响开发措施，实现雨水零排放；建筑污废水通过梯级利用、生态处理、再生利用、就地消纳等，实现污水零排放；项目通过结构体系及结构构件的优化，达到了明显的节材效果；项目使用具有抑菌性能的新型材料、项目使用了物联网、5G 等新技术新产品，考虑应用人工智能技术提升建筑服务水平；基于风环境等模拟和综合评价优化建筑布局、形体、朝向；项目采用保温装饰一体化设计施工；项目按照直流建筑设计及建造、全年有稳定的生活热水需求的建筑采用冷凝热回收系统；对于季节性用电负荷大的设备，有针对性地采用了季节性负荷专用变压器；采用水环热泵等有热回收功能的空调系统；采用蓄能装置且提供的冷量不低于设计日空调冷量的30%；家用空调、多联机等制冷产品的能效水平提升30%以上，大型公共建筑制冷能效提升30%，制冷总体能效水平提升25%以上；设置水质在线监测系统等。采用全空气空调系统在疫情期间能切换成全新风模式下运行并设有相应的排风系统，新风应直接从室外清洁之处取引入并直接接入空调机组。

申报项目提交的分析论证报告应包括以下内容：①创新内容及创新程度（例如超越现有技术的程度，在关键技术、技术集成和系统管理方面取得重大突破或集成创新的程度）；②应用规模，难易复杂程度及技术先进性（应有对国内外现状的综述与对比）；③经济、社会、环境效益，发展前景与推广价值（如对推动行业技术进步、引导绿色建筑发展的作用）。对于投入使用的项目，尚应补充创新应用实际情况及效果。

【评价方式】

1 预评价：查阅相关设计文件、分析论证报告及相关证明、说明文件。

2 竣工评价：查阅相关设计文件、分析论证报告及相关证明、说明文件，必要时现场核查创新技术及措施的建成情况。

3 运行评价：查阅相关设计文件、分析论证报告及相关证明、说明文件，并现场核实创新技术及措施的实施情况。